BIBLIOTHÈQUE
DES MERVEILLES

PUBLIÉE SOUS LA DIRECTION

DE M. ÉDOUARD CHARTON

LES MERVEILLES

DE LA VÉGÉTATION

1536. — PARIS, IMPRIMERIE A. LAHURE, 9, RUE DE FLEURUS

BIBLIOTHÈQUE DES MERVEILLES

LES MERVEILLES

DE

LA VÉGÉTATION

PAR

FULGENCE MARION

QUATRIÈME ÉDITION

ILLUSTRÉE DE 46 GRAVURES D'APRÈS LES DESSINS

DE E. LANCELOT

PARIS

LIBRAIRIE HACHETTE ET Cie

79, BOULEVARD SAINT-GERMAIN, 79

1881

LES
VÉGÉTAUX MERVEILLEUX

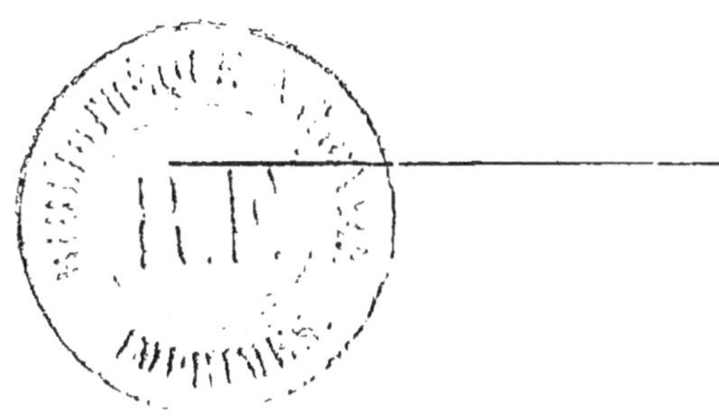

INTRODUCTION

Le but de ce petit livre est de mettre en évidence, par des exemples et des caractères sensibles, l'un des aspects de la puissance merveilleuse de la nature. Elle n'est pas encore assez connue, pas assez aimée, cette belle nature, dont nos goûts superficiels semblent nous éloigner de plus en plus; elle nous devient chaque jour plus étrangère, comme si la science, dont le but véritable est d'en approfondir les secrets, n'avait de valeur réelle que dans ses applications à l'industrie ou à l'agrément de la curiosité humaine. Cependant c'est de notre communication plus intime avec la nature que dépendent les

1

progrès de notre intelligence, et peut-être aussi ceux de notre cœur ; c'est de la connaissance de son action universelle que dépend l'élévation scientifique de notre esprit : plus nous nous éloignerons d'elle, plus nous nous en isolerons, et plus aussi nous perdrons en valeur intellectuelle ; plus nous nous en rapprocherons, mieux nous la comprendrons, et plus nous grandirons dans le savoir et dans la valeur.

La grandeur et la beauté de la nature peuvent être étudiées dans toutes ses œuvres, car elles se manifestent jusque dans ses productions en apparence les plus insignifiantes. Sans doute, le spectacle imposant des révolutions célestes et des forces formidables qui sont en action dans le gouvernement des mondes nous étonne par son étendue et par la puissance des actions qu'il nous révèle ; mais la surprise qui naît en nous à la vue des grandeurs célestes tient plutôt à la supériorité comparative de celles-ci sur les pensées habituelles de notre esprit. L'Auteur de la nature n'est pas plus grand dans la direction d'un soleil à travers les campagnes étoilées que dans la germination d'une plante ou dans la génération d'un être vivant ; pour lui, semer des étoiles par milliers dans les sillons du ciel ou répandre les semences légères des fleurs terrestres sur le sol humide, sont des œuvres également dignes d'attention, et qui révèlent également l'action d'une intelligence infinie ; soustraire un globe rayonnant de vie au vol embrasé des comètes échevelées, ou fermer la corolle tremblante à l'approche de la bise ou du brouillard ; épanouir dans l'espace une nébuleuse riche de soleils ou décorer dans nos jardins nos arbres aux fleurs purpurines ; présider à la formation des couches successives de l'écorce protozoïque d'un monde ou présider à celle d'un fruit mûrissant : ce sont là des œuvres *divines*, et ce titre ne connaît pas de degrés en plus ou en moins.

Contempler la nature dans ses fleurs ou dans ses étoiles, c'est donc s'élever à la notion du vrai par des voies diverses, c'est s'initier aux mystères de l'infini par des expressions différentes, c'est étudier le monde sous des aspects variés, c'est s'instruire dans la science de la nature par deux maîtres distincts, mais de la même école.

Se proposer de décrire complètement et indifféremment *les Végétaux merveilleux* serait encore s'engager dans un vaste programme, car, d'après ce que nous venons de dire sur l'égalité des œuvres de la puissance infinie, tout est merveilleux dans l'action de la nature, et les merveilles de la végétation embrassent la végétation entière. Sachons-le bien, la plus modeste d'entre les plantes, la fleur des champs qui se cache sous l'herbe épaisse, et celles, plus inconnues encore, qui appartiennent au monde microscopique, sont tout aussi merveilleuses que les splendides orchidées, les cèdres séculaires, les tremblantes sensitives, les arbres empoisonnés. Mais ici comme en toutes choses, notre qualification se rapporte à nos impressions particulières. Par un effet de l'inertie de notre esprit, l'habitude a le don d'émousser notre sensibilité et de rendre moins vives les impressions qui se renouvellent fréquemment, de sorte que les objets qui, au premier abord, captivent le plus vivement notre attention et nous jettent dans la surprise la plus profonde, parviennent à la longue à passer inaperçus et ne réveillent plus notre attention endormie. C'est ce qui constitue pour nous le degré apparent du merveilleux. L'inconnu, le nouveau, nous frappera toujours et nous attirera sans cesse; à mesure que les choses deviennent plus connues, plus familières, elles perdent le don de nous émerveiller. Cependant, au point de vue de l'absolu, deux objets d'égale valeur ne sauraient évidemment subir de modification réelle, suivant qu'ils deviennent plus ou moins accessibles à l'observation humaine.

Si l'un de nous arrivait aujourd'hui pour la première fois sur la terre, revenant d'un monde étranger au nôtre, quelle ne serait pas sa surprise, à son réveil, de voir se manifester autour de lui toutes ces actions nombreuses qui constituent l'ensemble de l'œuvre naturelle! A l'aurore de l'année comme à l'aurore d'un beau jour, le printemps joyeux réveille les forces latentes et décore d'une nouvelle parure le monde dépouillé par la main de l'hiver; le ciel renaît, son azur baigne au loin l'horizon transparent, la brise aérienne caresse les bourgeons naissants des plantes, le soleil verse du haut du ciel son rayonnement fécond, la verdure renaît, arbres et fleurs tressaillent sous le frémissement de la vie nouvelle, et depuis les dernières zones de la végétation sur les montagnes, jusqu'aux plaines verdoyantes, la joie et la lumière célèbrent en tous lieux la renaissance de la vie. Quelle merveilleuse transformation s'est opérée! Ces arbres de nos vergers, ces forêts entières, qui n'offraient, il y a quelques mois à peine, que des troncs décharnés, des tiges dénudées, des objets immobiles et inertes que la mort semblait avoir exilés pour jamais du cercle de la vie, les voilà qui reverdissent, se revêtent de feuilles nouvelles, et bientôt répandent leur onde et leur paix sur l'asile profond des retraites champêtres. L'habitude de voir chaque année se renouveler la même merveille nous empêche de l'apprécier dans sa grandeur et de reconnaître en elle la manifestation de forces prodigieuses, mais songeons un instant à l'aspect de l'hiver et à celui de la saison qui lui succède, et nous

nous étonnerons de voir ces choses chaque jour sans les honorer d'un regard d'attention, d'une pensée observatrice.

Que serait-ce, si à la contemplation générale du grand mouvement printanier et estival, nous faisions succéder l'observation spéciale de chaque espèce de végétaux? que serait-ce si nous nous appliquions à suivre dans son mouvement individuel chacune de ces plantes si diverses qui embellissent la surface du globe? Deux espèces différentes n'agissent pas de la même manière, et depuis la naissance des premières feuilles jusqu'à la maturité de leurs fruits, elles offrent chacune un spectacle différent. Telles plantes portent humblement leurs fleurs cachées à tous les regards et semblent oser à peine laisser voir leur tige et leurs feuilles; d'autres au contraire ne paraissent nées que pour l'éclat et la lumière, et déploient aux regards éblouis la parure étincelante de leur richesse et de leur magnificence; d'autres encore semblent posséder un caractère plus sérieux et, dédaigneuses de la frivolité de leurs compagnes, ne révèlent leur existence qu'à l'époque où les fruits mûrs consacrent leur utilité. Ici l'œil s'étonne de la vigueur séculaire d'un chêne immortel qui, du temps de nos pères, a vu passer le collège des druides sous l'avenue sombre des forêts et méconnaît le nombre des hivers; les vents et les tempêtes ne sauraient ébranler le colosse aux racines profondes. Là, c'est à peine si la main peut se permettre de légères caresses, et le baiser d'un petit oiseau brillant sur le front de la sensitive trouble sa timidité offensée. Mais nous n'avons pas encore ouvert le monde merveilleux des couleurs ! Quel pinceau reproduira ces nuances variées qui sont la parure des fleurs splendides ? Quoi ! nous foulons aux pieds dans les prairies les petites fleurs qui se cachent dans l'herbe ; sur les bords du ruisseau dont le murmure nous attire, les corolles purpurines se penchent ; au pied des grands arbres protecteurs se cachent ces petites violettes au parfum si doux ; mais toutes les beautés du monde des plantes restent inaperçues ; nous passons auprès de la blancheur du lis superbe sans détourner le regard, et les charmants petits boutons de rose qui vont s'entr'ouvrir, s'éveilleront à la vie sans qu'un regard humain soit là pour les contempler ! Cependant les œuvres des hommes, dans leur expression la plus glorieuse, offriront-elles jamais des beautés comparables aux plus modestes beautés de la nature ?

Mais les jeux splendides de la lumière solaire sur le tissu des plantes, qui constituent leurs couleurs et leurs nuances harmonieuses, ne sont-ils pas surpassés encore par la richesse des parfums dont les fleurs gardent en leur sein les riches trésors ? ne semblet-il pas ici que les fleurs sont les plus opulentes des créatures, que la nature s'est plu à les enrichir de ses dons les plus admirables, et qu'elle les aime avec prédilection? Brises embaumées du soir, qui descendez des coteaux en fleurs, souffles parfumés qui tombez des bois, de quelles propriétés êtes-vous donc dépositaires, et quelle est votre influence sur l'âme agitée par les troubles du monde? Il semble que vous n'appartenez plus à la matière et qu'il y a en vous certaine vertu spirituelle qui nous fait songer au ciel. N'êtes-vous pas inaccessibles, en effet, aux grossières observations de notre industrie? Quels poids et quelles mesures pourrait-on appliquer à votre essence, et de quelle façon nos sens pourraient-ils reconnaître votre nature?

Il est donc vrai de dire que tout est merveilleux dans le monde végétal, et qu'en décrire les merveilles, c'est se proposer une description entière. Mais puisqu'il est également vrai, comme nous l'avons rappelé plus haut, que notre attention s'émousse et s'attiédit sur les objets offerts habituellement à nos regards, puisqu'il est vrai que le merveilleux apparent est constitué pour nous par l'inconnu, par le nouveau, c'est dans cet ordre que nous choisirons nos exemples pour réveiller notre curiosité oublieuse. Nous irons au delà du cercle de notre observation de chaque jour, et les faits que nous remarquerons posséderont peut-être l'attrait de la nouveauté — du moins relativement à nos pensées habituelles — et si nous n'avons pas la faculté de nous intéresser aux choses qui nous entourent, allons plus loin. Le voyage est un bon maître, suivons-le.

Le ! pin de montagnes.

PREMIÈRE PARTIE

CHAPITRE I

IDÉE GÉNÉRALE DE LA DISTRIBUTION GÉOGRAPHIQUE DES PLANTES A LA SURFACE DU GLOBE

La parure végétale qui enveloppe le globe terrestre n'offre pas dans son ensemble une unité de caractère indépendante des diverses contrées ; au contraire, chaque climat possède sa physionomie propre de végétation, certaines espèces sont spécialement affectées à certaines contrées ; les unes se plaisent sur le sol brûlant des tropiques ou développent à profusion leurs richesses dans les forêts chaudes et húmides de l'Équateur ; d'autres craignent l'ardeur du soleil et choisissent les régions tempérées ou les terres du nord. C'est ce qui donne à chaque pays sa physionomie caractéristique. Des trois règnes de la nature, le végétal est celui qui caractérise le mieux une contrée. Les roches et les montagnes gardent une même forme de l'équateur aux pôles, et leur as-pect ne saurait donner à aucun pays une physiono-mie particulière. Les espèces animales, malgré leurs variétés, offrent un aspect trop mobile et trop insai-sissable pour arriver au même effet. C'est la distribu-tion géographique des plantes qui influe le plus puissamment sur notre esprit, en traçant en lui l'i-mage des localités qu'elle favorise ; les arbres et les fleurs, la physionomie des champs et des prairies, des coteaux et des plaines, les formes et les nuances des feuilles, la grandeur des végétaux, constituent une mise en scène au milieu de laquelle nous nous trouvons, et à laquelle nous appartenons comme si nous en faisions partie intégrante. Aussi c'est en cela surtout que consiste le paysage, c'est là surtout l'as-pect de notre pays, et bien souvent au milieu des longs voyages dans la nature tropicale si riche et si féconde, le voyageur cherche les formes regrettées des arbres de son pays, sentant palpiter son cœur lorsqu'une plante, une fleur de la patrie, naît sous ses pas et lui rappelle de lointaines images.

La principale cause qui préside à la géographie

botanique, à la distribution variée des plantes suivant les contrées du globe, c'est la température. Ici comme dans le concert tout entier de l'harmonie de la vie terrestre, c'est le soleil qui règne en souverain ; c'est lui qui dirige l'orchestre, marquant une mesure tantôt lente et solennelle, tantôt légère et brillante. *Deux cent mille* espèces végétales se partagent la surface terrestre, une grande loi préside à ce partage, la loi de la température ; et nous allons reconnaître que nulle autre force ne saurait rivaliser avec celle-là.

Si nous considérons un instant la terre comme une sphère tournant sur elle-même, autour d'une ligne idéale passant par son centre, nous appellerons pôles les deux points du globe où cette ligne aboutit : à ces deux points le mouvement est presque insensible ; et nous donnerons le nom d'équateur au grand cercle perpendiculaire à la ligne précédente, et qui coupe la sphère en deux hémisphères du côté de chaque pôle. Or, comme les rayons du soleil sont d'autant plus obliques qu'ils s'éloignent davantage de l'équateur, il s'ensuit que la chaleur est au maximum à l'équateur, et décroît jusqu'aux pôles, où elle est minimum[1]. A cette décroissance correspond la distribution géographique des plantes. A l'équateur et dans les régions tropicales qui l'avoisinent, on ren-

---

[1] Pour l'explication des causes de ces variations de température suivant la latitude, voyez la division astronomique du globe dans le volume de cette collection intitulé : *les Merveilles célestes* (p. 305).

contre les hautes formes des végétaux immenses, tels que les baobabs, les mangliers, les palmiers, les élégantes fougères arborescentes, les aloès, les bruyères, les plantes riches et rayonnantes qui aiment et cherchent l'influence de l'astre radieux. En nous éloignant des climats brûlants, nous rencontrons les oliviers, les lauriers, les mimosas, les bambous. Continuons notre route vers le pôle ; voici les magnolias, les châtaigniers, les cotonniers, les charmes. Marchons encore ; parvenus aux latitudes de la France et de l'Europe moyenne, nous trouverons le chêne, le hêtre, le bouleau, l'orme, nos arbres fruitiers, nos céréales. Si nous poursuivons nos observations vers les contrées septentrionales, nous rencontrons aux limites de la végétation, le sorbier, le frêne, le sapin, le pin, les conifères ; les végétaux précédents se sont arrêtés à diverses latitudes : le chêne, le noisetier, le peuplier à 60°, le hêtre, le tilleul à 63° ; les conifères eux-mêmes ne dépassent pas le 67ᵉ degré. Au delà du 70ᵉ, quelques saules rabougris se rencontrent çà et là. Plus loin, au Spitzberg, au delà du 75ᵉ degré, il n'y a plus un seul arbre : les arbustes et les plantes ont eux-mêmes disparu ; le blé est mort, l'orge et l'avoine ne dépassent pas le 70ᵉ parallèle.

La physionomie locale de la géographie des plantes dépend, comme on voit, de la température normale de chaque climat ; nous allons étendre ce principe à un autre mode de distribution végétale, et ce double point de vue sera suffisant pour nous faire connaître dans son ensemble la flore terrestre.

Au lieu de voyager de l'équateur aux pôles, nous allons simplement gravir une haute montagne, et, chose digne d'attention, la distribution des plantes va nous apparaître dans le même ordre, suivant l'échelle thermométrique des altitudes. On sait que plus on s'élève dans l'atmosphère et plus la température s'abaisse, et cet abaissement est si rapide, qu'une ascension de quelques minutes en ballon ou de quelques heures sur une montagne, suffit pour faire passer par tous les degrés de température décroissante, depuis 20 ou 30 degrés de chaleur, à la plaine, jusqu'à 10 ou 20 degrés au-dessous de zéro dans les hauteurs de l'atmosphère. Par suite de cette décroissance, toutes les montagnes du globe ont une température plus basse à leur sommet qu'à leur base, et l'on peut compter dans leurs productions végétales toutes les zones caractéristiques que l'on compte en allant de l'équateur aux pôles. On pourrait donc, par exemple, comparer les deux hémisphères terrestres à *deux montagnes appuyées l'une contre l'autre par leur base au cercle de l'équateur;* leurs sommets sont couverts de neiges éternelles, des espèces végétales spéciales se succèdent depuis la limite tropicale jusqu'à la limite polaire.

Nous donnerons une idée juste de cette succession des espèces végétales, en rapportant l'une des ascensions de M. Ch. Martins (de Montpellier), qui partage avec Humboldt, Hooker et quelques botanistes célèbres, la gloire des progrès réalisés dans la géographie végétale, science née au commencement de ce siècle. Voici les observations faites dans l'ascension du mont Ventoux, en Provence. Nous choisissons cet exemple parce qu'il appartient à notre pays.

« Élevons-nous sur le versant sud, dit le professeur de Montpellier, celui qui se confond à sa base avec la plaine du Rhône : toutes les plantes de la plaine appartiennent à la région la plus basse ; elle se caractérise très bien par deux arbres, le pin d'Alep et l'olivier. Le premier ne dépasse pas 430 mètres au-dessus du niveau de la mer, le second monte plus haut, mais ne dépasse pas 500 mètres. Sous ces arbres on rencontre toutes les espèces méridionales qui caractérisent la végétation de la Provence : le chêne kermès, le romarin, le genêt d'Espagne. Une zone étroite succède à celle-ci : elle est caractérisée par le chêne vert, qui ne dépasse guère 56 mètres. Au milieu des taillis, on trouve la dentelaire d'Europe, le genévrier cade, etc.

« Une région dépourvue de végétaux arborescents vient immédiatement après les deux premières. Le sol est nu, pierreux, généralement inculte ; cependant çà et là on remarque des champs de pois chiches, d'avoine ou de seigle, dont les derniers sont à 1030 mètres au-dessus de la Méditerranée. Mais un arbrisseau, le buis, deux sous-arbrisseaux, le thym et les lavandes, une autre lobiée herbacée, le nepeta graveolens, dominent pour la taille et le nombre. Les hêtres montent jusqu'à 1660 mètres. A cette hauteur, les dépressions sont peu profondes et les arbres exposés à l'action déprimante du vent qui les couche sur le sol ne sont plus que d'humbles buissons.

« A la hauteur de 1700 mètres le froid est trop vif, l'été trop court, et le vent trop violent pour que le hêtre puisse encore subsister. Aussi, sur le Ventoux, comme dans les Alpes et les Pyrénées, un arbre de la famille des conifères est le dernier représentant de la végétation arborescente. C'est une espèce de pin assez basse, appelée pin de montagne. Ces pins s'élèvent à plusieurs mètres de hauteur dans les endroits abrités, et deviennent des buissons touffus dans les endroits exposés au vent ; ils montent jusqu'à la hauteur de 1810 mètres, et forment la limite extrême de la végétation arborescente.

« La flore nous enseigne donc, au défaut du baromètre, que nous touchons à la région où cette végétation a disparu, mais où le botaniste retrouve avec ravissement les plantes de la Laponie, de l'Islande et du Spitzberg. Dans les Alpes, cette région s'étend jusqu'à la limite des neiges perpétuelles, séjour d'un éternel hiver ; mais le Ventoux ne s'élevant qu'à 1911 mètres, son sommet appartient à la partie inférieure de la région alpine des Alpes et des Pyrénées. A cette hauteur, tout arbre a disparu, mais une foule de petites plantes viennent épanouir leurs corolles à la surface des pierres ou des rochers. Ce sont les pavots à fleurs orangées, la violette du mont Cenis, l'astragale à fleurs bleues et, tout à fait au sommet, le paturin des Alpes, l'euphorbe de Gérard et la vulgaire ortie, qui apparaît partout où l'homme construit un édifice. C'est dans les escarpements du nord que l'on retrouve la saxifrage, qui habite les sommets alpestres à la limite des neiges perpétuelles, et couvre les rivages glacés du Spitzberg. »

Ainsi, que l'on voyage des chaudes contrées de l'équateur aux climats rigoureux du pôle, ou que l'on s'élève des plaines tempérées aux sommets neigeux des montagnes, on reconnaît pour loi distributive des espèces végétales la force calorifique qui vient du soleil. A chaque espèce son degré de chaleur préféré. Le bouleau nain résiste à des froids, de — 40°, les orchidées sont glacées à + 10°. D'un autre côté, chaque espèce réclame pour entrer en végétation une somme de chaleur spéciale ; de plus, une fois en végétation, il lui faut une provision de chaleur pour fleurir et mûrir. Pour que notre précieuse céréale, le blé, nous donne ses lourds épis d'or qui font la richesse des moissons, il lui faut une provision de 2000 degrés accumulés à la longue, de jour en jour, depuis les premiers rayons du soleil printanier. A la grappe brunissante dont les vendanges joyeuses dépouillent l'automne, il faut plus encore : près de 3000 degrés de chaleur. C'est pourquoi chaque végétal montre une préférence

pour telle localité, telle température, pourquoi les
années modifient le rapport moyen des espèces
suivant l'abondance de la chaleur, pourquoi chaque
région du globe offre une physionomie végétale spécifique selon la moyenne thermométrique qui la
caractérise.

Végétation sous les tropiques.

CHAPITRE II

TABLEAU DE LA NATURE VÉGÉTALE SOUS LES TROPIQUES

Pour se faire une idée approchée de la valeur et de la magnificence de la nature végétale, ce n'est pas en nos contrées tempérées ou sous le ciel boréal que l'observateur doit s'établir, mais bien aux pays aimés du soleil, où la nature vit encore dans toute sa sève et rayonne dans tout son éclat, où la terre garde comme un musée vivant des richesses disparues pendant l'immense succession des âges primitifs. Nous suivrons à cet effet quelques voyageurs, que la science et la poésie ont à la fois inspirés dans leur contemplation du monde.

« La végétation déploie ses formes les plus majestueuses sous les feux brûlants qui rayonnent du ciel des tropiques, dit A. de Humboldt, dans son grand ouvrage sur les « Tableaux de la nature. » Dans le pays des palmiers, à la place des tristes lichens ou des mousses qui, vers les régions glaciales, recouvrent l'écorce des arbres, le cymbidium et la vanille odoriférante se suspendent aux troncs des anacardes et des figuiers gigantesques. La fraîche verdure du dracontium et les feuilles profondément découpées du pothos contrastent avec les couleurs dont brillent les fleurs des orchidées. Les bauhinia grimpants, les passiflores, les banistères dorés enlacent les arbres de la forêt et s'élancent au loin dans les airs. Des fleurs délicates sortent des racines du théobroma et de l'écorce rude des crescentia et des gustavia. Au milieu de cette végétation luxuriante, dans la confusion de ces plantes grimpantes, l'observateur a souvent peine à reconnaître à quelle tige appartiennent les feuilles et les fleurs. Un seul arbre entrelacé de paullinia, de bignonia et de dendrobium, forme un groupe de plantes qui, séparées les unes des autres, suffiraient à couvrir un espace considérable de terrain.

« Les plantes des tropiques sont plus abondantes en sucs, leur verdure est plus fraîche, leurs feuilles sont plus grandes et plus brillantes que dans les pays du Nord. Les plantes sociales, qui rendent si uniforme la végétation européenne, manquent complètement aux régions équinoxiales. Des arbres près de deux fois aussi hauts que nos chênes, portent des fleurs qui égalent nos lis en grandeur et en éclat. Sur les rives ombragées du Rio-Magdalena, dans l'Amérique du Sud, croît une aristoloche grimpante, dont les fleurs ont 4 pieds de circonférence : les enfants s'amusent à s'en faire une coiffure. La fleur du rafflesia a près d'un mètre de diamètre, et pèse plus de 6 kilogrammes et demi[1].

« La hauteur extraordinaire à laquelle s'élèvent, près de l'équateur, non seulement des montagnes isolées, mais des contrées tout entières, et l'abaissement de la température qui est la conséquence de cette élévation, procurent à l'habitant de la zone torride un spectacle extraordinaire. En même temps qu'il contemple des buissons de palmiers et de bananiers, il est entouré de formes végétales qui ne semblent appartenir qu'aux contrées du Nord. Des cyprès, des sapins et des chênes, des épines-vinettes et des aunes très semblables aux nôtres, couvrent les plateaux du Mexique méridional et la partie des Andes qui traversent l'équateur. Ainsi, la nature permet à l'habitant de la zone torride de voir réunies, sans quitter le pays où il est né, toutes les formes végétales de la terre ; de même que d'un pôle à l'autre la voûte du ciel déploie à ses regards tous ses mondes lumineux. Ces jouissances et beaucoup d'autres sont

----

[1] Voy., dans la seconde partie du livre, la description du *Rafflesia Arnoldi*.

encore refusées aux peuples septentrionaux. Un grand nombre d'étoiles et de formes végétales, les plus belles précisément, telles que les palmiers, les fougères à hautes tiges, les bananiers, les graminées arborescentes et les mimoses aux feuilles délicates et pennées, leur restent éternellement inconnues. Les plantes maladives qui sont enfermées dans nos serres ne représentent que très imparfaitement la majesté de la végétation tropicale ; mais dans la perfection du langage, dans la fantaisie brillante du poète, dans l'art imitateur du peintre, sont des sources abondantes de dédommagements où notre imagination peut puiser les vivantes images de la nature exotique. Sous les climats glacés du Nord, au milieu des landes stériles, l'homme peut s'approprier tout ce que le voyageur va demander aux zones les plus lointaines, et se créer au dedans de lui-même un monde, ouvrage de son intelligence, libre et impérissable comme elle. »

A cette esquisse due au grand fondateur de la géographie des plantes, nous ajouterons des impressions non moins poétiques, non moins élevées dues au laborieux auteur des « Scènes de la nature sous les tropiques. » Elles continuent dignement les perspectives ouvertes par Humboldt. « Sur les bords des lacs et des fleuves, dit Ferdinand Denis, la chaleur du soleil mettant en action l'humidité bienfaisante de ces vastes réservoirs, donne des formes gigantesques à la végétation. Les arbres qui s'élèvent à peine en d'autres endroits à la surface de la terre, prenant majestueusement leur essor, embellisent bientôt les rivages dont ils attestent la fertilité. L'Amazone, le Gange, le Meschacébé, le Niger, roulent leurs eaux au milieu de vastes forêts qui, se succédant d'âge en âge, ont toujours résisté aux efforts des hommes, parce que la nature n'a point connu de bornes dans tout ce qui pouvait perpétuer sa grandeur. Il semble en effet qu'elle ait choisi les rives de ces fleuves immenses pour y déployer une magnificence inconnue en d'autres lieux. J'ai remarqué dans l'Amérique méridionale que les arbres, en prenant un plus grand accroissement près des rivières, donnent un aspect particulier aux forêts : ce n'est plus la nature dans un désordre absolu; il semble que sa force et sa grandeur lui aient permis de répandre une sorte de régularité imposante dans la végétation. Les arbres, en s'élevant à une hauteur dont les regards sont fatigués, ne permettent plus aux faibles arbrisseaux de croître. Mais la voûte des forêts s'agrandit ; les troncs énormes qui la supportent forment d'immenses portiques en étalant majestueusement leurs branches ; elles sont chargées à leur sommet d'une foule de plantes parasites dont l'air paraît être le domaine, et qui viennent mêler orgueilleusement leurs fleurs aux feuillages les plus élevés. Ici souvent, près de l'humble fougère, une liane flexible entoure en serpentant l'arbre immense, le couvre de ses guirlandes, et semble braver l'éclat du jour avant d'embellir la mystérieuse obscurité des lieux qui l'ont vue naître.

Dans les forêts moins majestueuses où les rayons du soleil pénètrent aisément, l'on découvre dans la végétation une variété extrême, qui se montre à une distance bien moins considérable. Parmi tous les voyageurs qui ont décrit les forêts dans leurs détails, il n'en existe peut-être point de plus exact que le prince de Neuwied.

« La vie, la végétation la plus abondante, dit-il, sont répandues partout, on n'aperçoit pas le plus petit espace dépourvu de plantes. Le long de tous les troncs d'arbres, on voit fleurir, grimper, s'entortiller, s'attacher les grenadilles, les caladium, les poivres, les vanilles, etc. Quelques-unes des tiges gigantesques chargées de fleurs paraissent de loin blanches, jaune foncé, rouge éclatant, roses, violettes, bleu de ciel. Dans les endroits marécageux, s'élèvent en groupes serrés sur de longs pétioles les grandes et belles feuilles elliptiques des heliconia, qui ont quelquefois de 8 à 10 pieds de haut, et sont ornées de fleurs bizarres, rouge foncé et couleur de feu. Des tiges énormes de bromelia, à fleurs en épis, couvrent les arbres jusqu'à ce qu'elles meurent, après bien des années d'existence, et déracinées par le vent, tombent à terre avec grand bruit. Des milliers de plantes grimpantes de toutes les dimensions, depuis la plus mince jusqu'à la grosseur de la cuisse d'un homme, et dont le bois est dur et compacte, s'entrelacent autour des arbres, s'élèvent jusqu'à leurs cimes, où elles fleurissent et portent leurs fruits sans que l'homme puisse les y apercevoir. Quelques-uns de ces végétaux ont une forme si singulière, par exemple certains banisteria, qu'on ne peut pas les regarder sans étonnement. Quelquefois le tronc autour duquel ces plantes se sont entortillées, meurt et tombe en poussière. L'on voit alors des tiges colossales entrelacées les unes les autres en se tenant debout, et l'on devine aisément la cause de ce phénomène. Il serait bien difficile de présenter fidèlement le tableau des forêts, car l'art restera toujours en arrière pour le dépeindre. »

Il y a dans les forêts du nouveau monde une harmonie parfaitement d'accord avec ce qui frappe les regards ; comme tout est grand, imposant et majestueux, le chant des oiseaux ou le cri des divers animaux a quelque chose de sauvage et de mélancolique. Ces cadences brillantes et soutenues, ce gazouillement léger, ces modulations si vives et si gaies se font entendre moins fréquemment que dans nos climats ; ils sont remplacés par des chants plus graves et surtout plus mesurés. Tantôt c'est une voix qui imite le coup retentissant du marteau sur l'enclume, quelquefois les oreilles sont frappées d'un son qui ressemble à ce bruit que font en se brisant les cordes d'un violon. Enfin, il existe dans les forêts des sons étranges qui vous font tomber dans un profond étonnement. Mais, souvent au coucher du soleil, quand

Végétation tropicale.

les oiseaux ont cessé leurs chants, on entend au sommet des arbres les plus élevés un bruit qui remplirait d'épouvante si l'on ignorait ce qui le cause. Des murmures semblables à la voix humaine annoncent que les guaribas[1] tiennent une de ces assemblées qui ont lieu pour saluer l'astre du jour. Leurs accents prolongés de la manière la plus funèbre ont fait croire à quelques hommes peu accoutumés à réfléchir, que ces animaux rendaient un hommage à Satan et lui payaient un tribut qu'il exigeait. Ce chant a quelque chose d'imposant à l'heure où le jour finit, il agrandit la scène en la remplissant de tristesse. Si le jaguar et le tigre noir poussent leurs rugissements, ils remplissent la forêt d'un bruit majestueux, mais qui fait naître l'inquiétude. Les animaux paisibles, en les entendant, se taisent tout à coup, comme s'ils craignaient de mêler leurs voix à ces accents de domination. Si le vent vient alors à souffler avec plus de violence, qu'il agite la cime élevée des arbres, qu'il courbe en mugissant les palmiers, qu'il mêle avec bruit leurs festons de lianes, qu'il s'engouffre dans les sombres profondeurs de ces forêts primitives, il en sort un murmure si funèbre, que l'admiration disparaît pour faire place à la terreur.

Parmi les grands végétaux qui sollicitent l'attention du voyageur et qui font de la nature tropicale

---

[1] Simia Beelzebut.

un spectacle tout à fait étrange pour l'Européen, nous choisirons les plus remarquables, soit au point de vue de leur beauté et de leur grandeur, soit au point de vue des services que les indigènes savent instinctivement leur demander. Ce dernier aspect surtout sera d'une utilité profonde pour nous; il nous donnera une idée de la puissance et de la facilité avec lesquelles la nature procède dans ses œuvres, et par lesquelles elle sait varier les effets et les causes, suppléer à toutes choses, renouveler sans cesse la face de la vie. Pour n'en présenter qu'un exemple en rapport direct avec les descriptions qui suivent, nous rappellerons que, si la plante et l'animal sont l'alimentation de l'homme, cette alimentation varie nécessairement suivant les contrées ; lorsqu'un certain mode de vie n'est plus possible à cause des climats et du sol, ce mode de vie change, et la vie n'est pas suspendue pour cela : elle est le but suprême des forces de la nature, et sa loi est de se manifester sous toutes les formes possibles. En France, par exemple, et dans l'Europe septentrionale, les céréales, et les blés en particulier, sont notre pain de chaque jour, l'orge et le maïs étendent son règne. Le vin, la bière, le cidre servent de boissons selon les contrées. Mais pour que le blé germe en épis, il faut qu'il gèle pendant l'hiver ; sans cela il monte en herbe et reste infécond. Or, dans les pays chauds, il n'y a pas d'hiver ; les saisons, très marquées aux latitudes lointaines, s'effacent à mesure qu'on s'ap-

Forêt au Brésil.

proche de l'équateur, et sous les tropiques, le blé, ni
aucune céréale ne saurait geler. Croirait-on que pour
cela, ces régions seront inhabitables? Point du tout.
Là où le blé ne germe plus, d'autres espèces végétales viennent le remplacer; le pain et le vin de chaque
jour seront donnés par les fruits des arbres; le lait
descendra d'une sève lactifère; les fruits de nos
contrées seront suppléés par les fruits d'un nouveau
climat. Choisissons les types essentiels de ces végétaux précieux, et si nous ne pouvons les visiter dans
leur patrie, faisons-les du moins comparaître devant
nous, afin qu'ils nous racontent leur histoire.

Arbre à pain à Tahiti.

CHAPITRE III

ARBRES A PAIN

Nous inaugurerons cette histoire en représentant
certains végétaux curieux qui remplissent, dans des
pays essentiellement différents du nôtre par leur
sol et leur climat, le rôle que remplissent chez nous
certaines espèces animales domestiques, ou certains arts d'application quotidienne. Tels sont, par
exemple, les arbres à lait, les arbres à pain, et ceux
qui gardent pour le voyageur une eau limpide ou
quelque boisson fortifiante.

Le pain étant le premier aliment de chaque jour,

nous parlerons d'abord d'une certaine espèce de figuier qui sert à la fois d'agriculteur, de moissonneur, de meunier et de boulanger pour nos antipodes de l'Océanie.

Les anciens aimaient à considérer la nature comme un être personnel distinct du monde, doué de raison et de volonté, et parmi les titres dont ils la qualifiaient, le nom de *Mère universelle* est celui que les poètes ont le plus souvent et le plus chèrement célébré. Ce beau nom, sans doute, est justifié par l'action même de la nature sur tous les êtres vivants, bienveillance maternelle dont elle couvre tendrement ses enfants sans nombre auxquels incessamment elle ouvre les portes de l'existence. Sans doute, les rayons fécondants du soleil sur les coteaux brunis, la pluie bienfaisante sur les sillons et les prairies, le chaud tapis de neige que l'hiver étend sur la terre glacée, la rosée du matin et la brume vaporeuse du soir, ce sont là autant de formes de l'action permanente de la nature, disons même de l'attention de l'universelle Providence. Mais outre cette action impartiale et sans préférence qui se rapporte indistinctement à toutes choses existantes, le voyageur philosophe remarque parfois des exemples spéciaux qui peuvent mettre ce caractère mieux en évidence que l'examen général des lois abstraites de la nature.

Parmi ces exemples qui révèlent plus spécialement cette face heureuse du grand Être, nous présenteront l'*arbre à pain* découvert dans les îles de l'Océanie. Cet arbre précieux est classé dans le genre des *jaquiers* (artocarpi), de la famille des figuiers; ses feuilles sont simples, entières ou découpées, et les fleurs très petites, incomplètes; les unes manquent de corolle, les autres de calice. Toutes se développent sur le même arbre, à l'extrémité des rameaux.

Le véritable arbre à pain est le *jaquier à feuilles découpées*. Nous disons le véritable, car ce genre renferme plusieurs autres espèces qui, malgré leur organisation remarquable, ne jouissent pas des propriétés de la première. Ainsi, il y a le *jaquier hétérophylle :* ses feuilles et ses fleurs sont plus petites que dans les autres espèces, mais ses fruits sont peut-être les plus gros qu'un arbre puisse porter; ils sont quelquefois d'un tel poids, qu'un homme *peut à peine les soulever;* ils sont couverts de tubercules courts, taillés en pointes de diamants; on s'en nourrit et l'on en fait griller les noyaux comme des châtaignes, mais la digestion en est difficile. Il y a encore le *jaquier des Indes*, dont le tronc est très gros, dont la cime rameuse est couverte d'un épais feuillage, et dont les fruits mesurent jusqu'à 18 pouces de longueur sur 15 de large. Les voyageurs ne sont pas d'accord sur ces qualités. Rheede leur attribue une odeur et une saveur agréables. Commerson, au contraire, ne put se résoudre à en mettre un seul morceau dans sa bouche. « Des goûts

et des couleurs on ne dispute pas, » dit un pro-
verbe fort souvent cité ; cependant on ne peut guère
expliquer ces opinions extrêmes, à moins de croire
que lesdits voyageurs, comme tant d'autres, hélas !
ont parlé de choses qu'ils ne connaissent pas. Une
troisième espèce, c'est le *jaquier velu*, le plus élevé
de ceux de son genre. Son bois sert à la menuiserie
et aux constructions navales. Les Indiens en creusent
le tronc pour en faire des pirogues, dont quelques-
unes mesurent 80 pieds de longueur sur 9 de largeur et servent à de longs voyages en mer.

Revenons à notre véritable arbre à pain. Les voyages
dans l'Océanie l'ont rendu célèbre, et des expéditions furent entreprises, qui n'avaient d'autre but
que l'acquisition de quelques pieds de ce végétal précieux, pour en doter l'ancien et le nouveau monde.
Nous rapporterons tout à l'heure la plus remarquable
de ces expéditions. Voici les caractères distinctifs de
cet arbre.

Le tronc est droit, de la grosseur du corps, et
s'élève en décrivant quelques sinuosités à une hauteur de 40 pieds environ ; sa cime, ample et arrondie, couvre de son ombre une étendue de 30 pieds
de diamètre. Le bois est jaunâtre, mou et léger.
Les feuilles, grandes, sont découpées en sept ou
neuf lobes ; c'est là un des caractères distinctifs de
l'espèce. Le même rameau porte les deux espèces de
fleurs.

Le fruit, ou le *pain* porté par cet arbre, est globuleux, plus gros que les deux poings, raboteux à l'extérieur; ces rugosités affectent des formes géométriques; ce sont ordinairement des hexagones et des pentagones juxtaposés, et formant de petits triangles par leurs interstices. Sous la peau, qui est épaisse, on trouve une pulpe qui, pendant le mois qui précède la maturité, est blanche, farineuse et un peu fibreuse; elle change, étant mûre, de couleur et de consistance, devient jaunâtre, succulente ou gélatineuse. L'île d'Otahiti, la plus fertile en arbres à pain, porte des arbres dont les fruits sont sans noyau; les autres îles de l'Océanie produisent des variétés plus agrestes qui contiennent des noyaux anguleux presque aussi gros que des châtaignes.

La vue dessinée en tête de ce chapitre représente, sur le plan de droite, l'aspect de l'arbre à pain et de ses fruits.

On récolte les fruits de cet arbre pendant huit mois consécutifs. Les insulaires s'en nourrissent comme nous faisons de notre pain fabriqué, c'est leur aliment journalier, et la nature le leur fournit, comme on voit, sans qu'il leur soit nécessaire de labourer, de semer, de moissonner, de battre, de moudre, de pétrir. Pour manger *leur pain frais*, ils choisissent le degré de maturité où la pulpe est farineuse, ce que l'on reconnaît par la couleur de l'écorce. La préparation qu'on leur fait subir consiste à les couper en tranches épaisses que l'on fait cuire sur un feu de charbon. — On se rappelle que leur grosseur égale à peu près celle de deux poings : ils ressemblent un peu aux pains anglais d'une livre, qu'affectionnent particulièrement nos voisins d'outre-Manche. Au lieu de les faire cuire sur le charbon, on les met aussi au four chauffé comme nous le faisons pour notre pâte, et on les y laisse jusqu'à ce que l'écorce commence à noircir. On racle ensuite la partie charbonnée : c'est du pain trop grillé dont on enlève l'excédent. L'intérieur est blanc, prêt à l'alimentation, tendre comme de la mie de pain frais, d'un goût peu différent de celui du pain de froment, avec un léger mélange de celui du cœur d'artichaut. Comme il leur faut naturellement du pain pour tous les jours, et que l'arbre n'en produit que pour les deux tiers de l'année, les Océaniens profitent de l'époque où les fruits sont plus abondants qu'il ne faut pour la consommation journalière, et de l'excédent ils préparent une pâte qui fermente et qui peut être conservée très longtemps sans subir d'altération acide. Pendant les quatre mois du repos des arbres, on se nourrit de cette pâte que l'on fait cuire au four.

Nous donnerons maintenant la relation de l'expédition anglaise commandée par le capitaine Bligh, destinée à aller chercher l'arbre à pain d'Otahiti pour en planter les colonies tropicales de la Grande-Bretagne et servir à la nourriture des esclaves. Ce voyage mérite ici une mention particulière.

Les récits de Bougainville, de Cook et d'autres explorateurs avaient donné la plus haute opinion des avantages qui résulteraient de la culture de l'arbre à pain. Les colons anglais demandèrent à leur gouvernement cet arbre merveilleux; celui-ci accéda, et prépara un excellent vaisseau de 250 tonneaux, sous le commandement de M. Bligh, alors simple lieutenant, et qui devint plus tard amiral de la Grande-Bretagne. Le commandant était bien choisi, ayant accompagné Cook dans ses voyages et donné preuve, maintes fois, de talents et de bravoure. Partie en 1787, dix mois après son départ l'expédition abordait à Otahiti. Les insulaires l'accueillirent avec empressement; plus de mille pieds d'arbres à pain furent mis dans des pots et des caisses, et embarqués avec une provision d'eau suffisante pour les arroser. Cinq mois plus tard on voguait en pleine mer pour le retour. Mais malgré les plus heureux auspices dont l'expédition jusqu'alors avait paru protégée, elle devait avoir un dénouement fatal. C'est là un de ces exemples heureusement rares de la révolte d'un équipage et de la position désespérée d'un capitaine livré à la merci d'un peuple d'aventuriers au milieu des flots muets. Vingt-deux jours après le départ, la majeure partie de l'épuipage ayant tramé contre le commandant le complot le plus lâche, s'emparèrent de Bligh pendant son sommeil, ainsi que de dix-huit amis qui lui étaient restés fidèles. Ils les mirent dans une

chaloupe avec quelques vivres et des instruments,
les laissèrent isolés au milieu de l'Océan et montè-
rent sur le vaisseau, qui bientôt se perdit hors de
vue à l'horizon inaccessible. Bligh et ses compagnons
firent preuve, au milieu de leurs fatigues et de leurs
souffrances, d'un courage surhumain. Un seul succomba à la fatigue. Ils abordèrent Ceupan, dans l'île
de Timor, après *douze cents* lieues de navigation en
chaloupe. Le gouverneur hollandais les reçut avec
intérêt, et bientôt douze d'entre eux furent en état
de se rendre en Europe. Bligh obtint justice en
Angleterre, fut bientôt promu au grade de capitaine
et chargé d'une nouvelle expédition plus considérable. Celle-ci réussit à souhait, et deux ans après
les deux vaisseaux de l'expédition jetaient l'ancre,
ayant à bord 1200 pieds d'arbres à pain et sans
avoir perdu un seul homme de leurs équipages.

Les esclaves ne se montrèrent pas aussi bien disposés qu'on le supposait à accepter ce fruit comme
nourriture ; les Européens diffèrent des nègres ; et
ceux-ci préfèrent toujours la banane. Il faut dire
qu'ils se nourrissent de ce fruit sans lui faire subir
grande préparation, tandis que les colons anglais
préparent le pain du jaquier de diverses manières,
suivant les savants préceptes de la cuisine anglaise.

Les vieillards de Tahiti attribuent l'origine de l'arbre à pain à une légende touchante.

Dans un moment de grande disette, un père mena

sur les montagnes ses nombreux enfants et leur dit :
« Vous allez m'enterrer à cette place, puis vous
viendrez me retrouver demain. »

Les enfants obéirent ; puis, étant revenus le lendemain, ainsi que cela leur avait été commandé, ils
furent très surpris de voir que le corps de leur père
s'était métamorphosé en un grand arbre. Ses doigts
de pieds s'étaient allongés pour former des racines :
son corps, fort et robuste jadis, constituait le tronc :
ses bras tendus s'étaient changés en branches et ses
mains en feuilles. Sa tête chauve enfin était remplacée par un fruit succulent.

Cette légende nous rappelle le septième cercle de
l'*Enfer* de Dante, où les âmes qui furent violentes
sur la terre se voient sous la forme d'arbres vivants
dont les membres se tordent comme les branches
d'arbres desséchés. Mais peut-être préférons-nous la
légende naïve des îles primitives à ces imaginations
d'outre-tombe. Là c'est le règne des vivants, tandis
qu'ici c'est le règne des morts.

LES ARBRES A LAIT

Dès la découverte du nouveau monde par Colomb,
les explorateurs s'empressèrent de faire intime con
naissance avec les nouveaux pays qui s'ouvrirent de_
vant eux, et ne tardèrent pas à rapporter en Europe

la description des espèces vivantes, animales ou végétales. Si l'on voulait ajouter foi aux relations merveilleuses de ces premiers temps, depuis Marco Polo jusqu'à Magellan, on pourrait, avec le *Livre des merveilles*, trouver des hommes à tête de chien et des sapins parlants; mais ce n'est pas de ces merveilles fabuleuses que nous devons nous entretenir ici. Il s'agit des espèces naturelles décrites dès ces premiers voyages. Dès 1505, on entend déjà parler des sarigues; des picaris, singes à queue prenante; du maïs et du manioc, plantes précieuses pour l'alimentation; du mancenillier, plante perfide; des bambous et des palmiers, arbres majestueux et pleins d'élégance, des cactus-raquettes et des cierges épineux, végétaux à la forme bizarre.

Cependant, quelques espèces, et des plus rares, furent longtemps oubliées, quoiqu'elles appartinssent aux premières contrées découvertes, et quoiqu'elles eussent dû attirer l'attention par les caractères spéciaux qui les distinguent. De ce nombre est *l'arbre à lait*, dont nous donnons un petit dessin (page 44).

Cet arbre, nommé par les voyageurs *palo de vaca*, *arbre de la vache*, est l'un des plus remarquables de l'Amérique équinoxiale, et cependant l'Europe ignorait encore son existence au commencement de notre siècle. C'est le 1er mars 1800 que MM. de Humboldt et Bonpland eurent occasion de l'observer à la ferme de Barbula, dans leur expédition aux vallées d'Aragua.

Un ancien écrivain, Lact, en avait dit quelques mots dans son *Novus orbis*. « Dans la province de Cumana, avait-il écrit, il y a des arbres qui, lorsqu'on entame leur écorce, laissent couler une résine aromatique ; d'autres un suc qui ressemble à du lait coagulé, qui peut être pris comme aliment. » Cette indication unique était, comme on voit, fort incom-

Arbre de la vache.

plète, jusqu'au jour où M. de Humboldt donna les relations que nous allons résumer.

« En revenant de Porto Cabello, nous nous arrêtâmes de nouveau à la plantation de Barbula. Nous avions entendu parler depuis plusieurs semaines d'un arbre dont le suc est un lait nourrissant. On l'appelle *palo de vaca*, et on nous assurait que les nègres de la ferme, qui boivent abondamment de ce lait végétal, le regardent comme un aliment salutaire.

Tous les sucs laiteux des plantes étant âcres, amers et plus ou moins vénéneux, cette assertion nous parut très extraordinaire. L'expérience nous a prouvé qu'on ne nous avait point exagéré les vertus du *palo de vaca*. Lorsqu'on fait des incisions dans le tronc de cet arbre, il donne un lait gluant, assez épais, dépourvu de toute âcreté, et qui exhale une odeur de baume très agréable. On nous en présenta dans des calebasses; nous en bûmes des quantités considérables, le soir avant de nous coucher, et de grand matin, sans éprouver aucun effet nuisible. La vicosité de ce lait le rend seul un peu désagréable. Les nègres et les gens libres qui travaillent dans les plantations le boivent en y trempant des gâteaux de maïs et de la cassave. Le majordome de la ferme nous assura que les esclaves engraissent sensiblement pendant la saison où le *palo de vaca* leur fournit le plus de lait.

« Parmi le grand nombre des phénomènes curieux qui se sont présentés à moi dans mon voyage, ajoute le savant voyageur, il y en a peu dont mon imagination ait été si vivement frappée que de l'aspect de l'arbre de la vache. Tout ce qui a rapport au lait, tout ce qui regarde les céréales, nous inspire un intérêt qui n'est pas uniquement celui de la connaissance physique des choses, mais qui se lie à un autre ordre d'idées et de sentiments. Nous avons de la peine à croire que l'espèce humaine puisse exister sans substances farineuses, sans le suc nourricier que renferme le sein de la mère, et qui est approprié à la longue faiblesse de l'enfant. La matière farineuse se trouve non seulement répandue dans la graine, mais déposée dans beaucoup de racines [1], et même dispersée entre les fibres ligneuses de certains troncs [2]. Quant au lait, nous sommes portés à le considérer comme exclusivement produit par l'organisation animale. Telles sont les impressions que nous avons reçues dès notre première enfance, telle est aussi la source de l'étonnement qui nous saisit à l'aspect de l'arbre dont nous parlons.

« Sur le flanc aride d'un rocher, croît un arbre dont les feuilles sont sèches et coriaces; ses grosses racines pénètrent à peine dans la terre. Pendant plusieurs mois de l'année, pas une ondée n'arrose son feuillage; les branches paraissent mortes et desséchées; mais lorsqu'on perce le tronc, il en découle un lait doux et nourrissant. C'est au lever du soleil que la source végétale est le plus abondante. On voit alors arriver de toutes parts les noirs et les indigènes munis de grandes jattes pour recevoir le lait, qui jaunit et s'épaissit à la surface. Les uns vident leurs jattes sous l'arbre, d'autres les portent à leurs enfants. On croit voir la famille d'un pâtre qui distribue le lait de son troupeau. »

[1] Surtout dans les renflements ou tubercules, comme dans la pomme de terre, la patate, l'igname, le manioc, etc.

[2] Dans le tronc de certains palmiers des Indes qui fournissent le sagou, et de quelques palmiers américains qui fournissent un aliment aux tribus sauvages de la Guyane.

Ne trouvez-vous pas un caractère singulier à ce tableau d'une vie lointaine, si différente de la nôtre dans ses aspects généraux et par la race des indigènes, et qui pourtant offre ce côté de ressemblance dans les usages de la vie domestique?

Les plantes lactescentes appartiennent surtout aux trois familles des euphorbiacées, des orticées et des apocynées ; mais, dans presque toutes, à l'émulsion laiteuse se trouvent mêlés des principes âcres ou délétères dont le suc du *palo de vaca* est exempt. Cependant, les genres euphorbia et asclépias offraient déjà des espèces dont le suc est doux et innocent. Ainsi, aux Canaries, se trouve le tabaïda (euphorbe balsamique), dont Pline nous parlait déjà sous le nom de férula, comme donnant, quand on la presse, une liqueur agréable au goût ; à Ceylan, se trouve l'asclépias lactifère, dont le lait est employé à défaut de lait de vache. Busman raconte que l'on fait cuire avec ses feuilles les aliments que l'on prépare ordinairement avec du lait animal.

Ce *lait végétal* naturel dont nous parlons offre en outre d'autres points d'affinité et de ressemblance avec le lait animal. Ainsi, abandonné à l'air libre, il ne tarde pas à se couvrir d'une membrane résistante semblable à la pellicule qui recouvre le lait qui vient de bouillir. Cette membrane devient bientôt assez épaisse, et on l'écrème pour la garder séparément sous le nom même de *fromage*, que l'on conserve pendant une semaine.

Quoique plusieurs espèces de végétaux lactifères fournissent du caoutchouc, ce lait n'en renferme pas de trace, et l'élasticité des fromages dont nous venons de parler n'est pas différente de l'élasticité de nos fromages. L'analyse chimique de ce lait montre en lui une grande analogie avec le lait naturel ; le beurre y est remplacé par une cire fort belle et très abondante, car elle forme la moitié en poids du suc, le caséum, par une substance animalisée qui a beaucoup de rapport avec la fibrine du sang, et le sérum, par un liquide aqueux contenant un peu de sucre et un peu de sel de magnésie.

Sur le feu le lait végétal se comporte comme le lait animal. Une pellicule formée à la surface s'oppose au dégagement, le lait s'enfle et monte, tendant à se répandre au dehors du vase qui le renferme. Si l'on enlève cette pellicule à mesure qu'elle se forme et qu'on maintienne l'action d'une douce chaleur, le suc prend la consistance de la frangipane ; puis on voit apparaître à la surface des gouttes huileuses comme celles qui se montrent à la surface de la crème tenue trop longtemps au feu. Il arrive à la fin que cette partie grasse baigne entièrement le caillot fibreux, lequel répand alors exactement l'odeur du rôti.

Cet arbre se trouve principalement dans la vallée de Caucagua, dans les Cordillères du littoral, et aux environs de Valence. A Caucagua, les indigènes le nomment *arbol de leche* (arbre à lait), et prétendent reconnaître à la couleur et à l'épaisseur du feuillage les troncs qui renferment le plus de sève, comme le pâtre distingue à des signes extérieurs une bonne vache laitière.

On a classé ces arbres parmi les figuiers *urticés*, et on l'a nommé *Brosinum galactodendron*.

En 1829, le voyageur Smith, parcourant les bois de la Guyane, cherchait partout l'arbre dont M. de Humboldt avait donné une si curieuse description, et s'adressait à tous les guides pour avoir des nouvelles d'un arbre à lait quelconque. Il avait bien rencontré des végétaux lactescents, mais la saveur âpre de leur sève n'avait pas grand rapport avec le lait, et la métaphore n'eût pas été fondée. Enfin, se trouvant un jour dans un petit village indien, situé près des premiers rapides du Demerary, il entendit parler d'un arbre nommé *hya-hya*, dont le lait, disait-on, était agréable au goût et nourrissant. Empressé de vérifier le fait, le voyageur envoya un Indien à la recherche d'un de ces arbres.

L'Indien s'était non seulement acquitté de la commission de son maître, mais il avait encore abattu l'arbre, et celui-ci était tombé au travers d'un ruisseau, qu'il blanchissait par son lait. Un couteau enfoncé dans l'écorce fit immédiatement jaillir un large filet auquel l'Indien colla ses lèvres. M. Smith but après lui et trouva le lait excellent; il était, dit-il, *plus épais et plus riche que le lait de vache*, entièrement exempt d'âcreté ; tout ce qu'il avait d'un peu

4

déplaisant, c'était de laisser les lèvres un peu collantes.
— « Comme je passai la nuit dans le village, ajoute le narrateur, je pus le lendemain avoir pour mon *café* une tasse de ce lait, qui remplaçait si bien le lait de vache que personne n'en eût pu faire la différence, car cette légère viscosité que je lui avais trouvée en le goûtant ne se faisait plus sentir dans le mélange. »

Le lait coule plus abondamment si on l'entame transversalement ou obliquement que si l'entaille est longitudinale. L'écorce du *hya-hya* est grisâtre, légèrement rude, et épaisse de 6 à 7 millimètres ; il faut la traverser complètement pour faire sortir le lait. Cet arbre est bien différent du *pala de vaca;* ses feuilles sont elliptiques et disposées par couples. La composition chimique de son lait diffère également de celle du lait de l'arbre précédent ; il est moins nourrissant.

On a classé cet arbre dans le genre *Tabernæ montana*, dont une espèce, le *Taberna echinata* de Cayenne, était déjà indiquée comme fournissant un suc laiteux.

Outre ces deux espèces remarquables d'arbres à lait appartenant à l'Amérique, on a étudié dans le port de Pera, où tant de vaisseaux européens viennent jeter l'ancre, un arbre à lait, non moins remarquable, désigné chez les Indiens sous le nom de *masaranduba*. C'est un des plus grands arbres des forêts du Brésil ; il fournit un bois très recherché par les constructeurs de navires. Il fleurit en février et donne un fruit délicieux, dont le goût rappelle celui des fraises assaisonnées à la crème. Une incision dans le tronc fait jaillir un lait blanc parfaitement liquide, d'un goût agréable et sans odeur. Les indigènes s'en nourrissent habituellement. L'état-major de l'équipage *le Chanticleer*, dont le chirurgien, Webster, fit le premier connaître le masaranduba, l'employa constamment pendant son séjour, comme du lait ordinaire, dans le thé et le café.

Cet arbre est très élevé; son écorce est d'un brun foncé; ses feuilles sont grandes et ovales.

L'équipage ayant conservé de ce lait en des bouteilles bouchées, au bout de deux mois il s'était séparé en deux parties, l'une liquide, opaline et d'odeur légèrement aigre; l'autre, solide, blanche, insipide, insoluble dans l'eau et dans l'alcool, fondant à 70°. Cette substance brûle en donnant une flamme verte et brillante; elle paraît composée en grande partie de cire et ne pas contenir la matière animalisée, qui est si abondante dans le caillot du *palo de vaca.*

L'arbre qui portait le lait, que nous venons de décrire, est le *Galactodendron dulce*, de la famille du figuier. Mais l'on connaît dans la montagne du littoral plusieurs arbres qui donnent un suc laiteux et que l'on confond souvent avec celui-ci. Par exemple, dans les environs de Macaraïbo, le *Clusia galactodendron* laisse couler avec abondance une sève lactescente très agréable ; toutefois, ce lait ne paraît pas renfermer autant de matière animalisée ; du moins il ne se purifie pas sensiblement, et à la place de la matière cireuse, on observe une substance moins fusible, et qui, par sa nature, se rapproche des résines.

On rencontre dans les mêmes régions du globe l'*Hura crepitans*, dont la sève laiteuse renferme aussi une matière azotée qui est analogue au gluten ; mais ce suc contient une base alcaline cristallisable qui la rend résineuse : on s'en sert en Amérique pour pêcher, en empoisonnant les cours d'eau.

Dans un voyage à travers l'Amérique du Sud, terminé en 1860, M. Paul Marcoy s'arrêta près de l'un de ces arbres, en visitant l'Ucayali et les Indiens Cocamas. « J'eus une envie irrésistible, dit-il, d'entailler le tronc d'un sandi et de faire couler sa sève. J'allai prendre dans la pirogue une hache et une calebasse, et je choisis le plus robuste des lactifères. L'arbre, frappé au cœur, gémit comme celui de la forêt du Tasse ; la sève apparut aux lèvres de sa blessure, en tomba d'abord goutte à goutte, puis, coulant bientôt sans interruption, s'épancha jusqu'à terre, où sa blancheur contrasta vivement avec le rouge brun du sol et le vert velouté des mousses. Un instant je m'amusai de cette opposition de teintes ; puis j'appliquai ma calebasse au bord de la plaie du sandi, et, recueillant sa sève lactée, j'en bus quelques gorgées.

Le lait du sandi chez les Indiens Cocamas.

« Ce lait gras, épais et d'une blancheur de céruse
au sortir de l'arbre, jaunit promptement à l'air et
se coagule au bout de quelques heures. D'abord
très sucré au goût, il ne tarde pas à laisser dans la
bouche une saveur amère et désagréable. Les pré-
tendus effets d'ivresse et de sommeil qu'on lui attribue n'ont jamais existé que dans l'imagination des
gens épris du merveilleux. Plusieurs fois il nous est
arrivé d'en boire, mais sans remarquer que notre
cerveau fût surexcité, notre raison troublée, et que
le besoin de dormir se fît sentir chez nous. Tout ce
que nous pouvons dire de ce liquide, qui nous répu-
gna toujours un peu, et dont nous ne bûmes jamais
que pour expérimenter sur nous-mêmes les divers
effets qu'on lui attribue, c'est que sa viscosité sin
gulière, comparable à une forte dissolution de
gomme arabique, nous obligeait, chaque fois que
nous en goûtions, à nous laver immédiatement à
grande eau pour débarrasser nos lèvres d'une glu
qui menaçait de les clore à jamais.

« Quant aux qualités nutritives de ce lait végétal,
que la nature, comme la vache rousse du poète, dis-
pense de ses généreuses mamelles aux indigènes du
Vénézuéla, si l'on en croit Humboldt et A. de Jussieu, nous ne pouvons que féliciter les habitants de
cette contrée d'avoir toujours à portée de leur bouche
un pareil aliment. Si les riverains de la plaine du
Sacrement, moins civilisés que les Vénézualanos,
n'usent pas encore de ce lait pour fortifier leur es-

tomac, ils s'en servent depuis longtemps pour raccommoder leurs pirogues. A la sève liquide du sandi ils mêlent du noir de fumée et obtiennent par le mélange de la coagulation de ces ingrédients une espèce de brai qu'ils emploient au calfatage de leurs embarcations. La pharmacopée locale, en reconnaissant au sandi des qualités très astringentes, lui a donné place dans son codex et l'administre avec succès dans les cas de ténesme et de dysenterie. C'est en souvenir de la chose et par égard pour les savants d'Europe et les apothicaires, que nous versâmes autrefois dans le creux d'un bambou, pour le soumettre plus tard à leur analyse, un demi-litre de ce lait végétal, lequel entré dans le tube à l'état liquide, en sortit quinze jours après à l'état solide, et pareil pour la couleur et la semi-transparence à un bâton de colophane ou de sucre candi.

« Au moment de tourner le dos au sandi blessé, dont la sève coulait toujours en abondance, je me sentis pris de pitié pour le malheureux végétal, et je bouchai sa plaie avec un peu de terre humide, en souhaitant tout bas qu'elle pût remplacer pour lui l'onguent de Saint-Fiacre dont se servent les jardiniers pour panser les blessures qu'ils font aux arbres. »

ARBRE A MANNE

Au mois d'août, époque des grandes chaleurs, où la sève est le plus abondante, on tire de cet arbre une substance nutritive et d'un goût un peu âpre, qui, sécrétée naturellement par le végétal, lui a fait donner le nom qui rappelle l'alimentation miraculeuse des Hébreux dans le désert. La manne est une substance liquide et limpide comme un filet d'eau; elle s'échappe ainsi de l'arbre qui lui donne naissance, lorsque, à dater du milieu d'août, on fait une incision qui en traverse l'écorce. Généralement on commence au pied de l'arbre, et jour par jour, on fait une nouvelle incision de deux pouces en deux pouces, jusqu'aux branches inférieures ; ces incisions, faites avec une serpette ou un ciseau de menuisier, ont deux pouces de largeur horizontale, et environ un demi-pouce de profondeur.

Pendant la première époque, cette sève abondante coule comme un filet liquide ; au bout d'un mois, on remarque déjà qu'elle devient plus épaisse, plus lente, et sort difficilement. La saison pluvieuse interrompt la récolte ; vers la fin de septembre, la chaleur du jour n'est déjà plus assez puissante pour faire monter la sève, qui se refoule au pied de l'arbre.

La manne perd peu à peu la saveur un peu amère

qu'elle possède au moment où on la tire de l'écorce ; ses parties aqueuses se sont évaporées ; il lui reste même un goût assez fade qui n'a rien d'appétissant.

Cet arbre est classé parmi les variétés du frêne commun (*Fraxinus ornus*). Il est originaire de la Sicile et du midi de l'Italie. Sa hauteur normale est de 20 pieds ; à première vue, on le prendrait pour un jeune orme, mais l'aspect des feuilles montre bientôt son espèce. On compte trois variétés de cet arbre ; sur la première les feuilles sont longues et droites comme celles du pêcher ; sur la seconde elles ressemblent à celles du rosier ; les feuilles de la troisième participent aux caractères de l'une et de l'autre.

La manne de Calabre est très estimée, et la plus renommée du pays est celle que produisent les jardins d'Œnotrie. Une tradition populaire raconte que les rois de Naples ayant voulu enclore ces jardins et soumettre à un impôt la récolte de la manne, celle-ci tarit tout à coup, comme si les arbres eussent été soudain frappés de stérilité, et elle ne nevint qu'après la suppression de l'impôt injustement établi.

ARBRE DU VOYAGEUR

Urania speciosa.

C'est surtout à Madagascar que l'on rencontre cette espèce de palmier parmi les raffias aux feuilles foncées, de 5 mètres de long, dont les indigènes font

L'arbre du voyageur.

si grand prix. Ils croissent dans l'intérieur des terres plus favorablement que sur la côte, et leur aspect produit une diversité agréable au milieu des bambous aux touffes délicates.

Les voyageurs se sont généralement accordés dans les témoignages de sympathie qu'ils ont donnés à cet arbre par suite desquels l'*Urania speciosa* vit changer son nom pour un titre plus amical. Les descriptions rapportent, en effet, que ce végétal croît principalement dans les régions où l'eau manque, et qu'il est revêtu de la propriété fort utile de garder aux voyageurs une eau limpide et rafraîchissante. Ses grandes et larges feuilles recourbées, adhérant au tronc principal, forment une cavité végétale où l'eau peut s'amasser et séjourner, et les passants peuvent s'y désaltérer. Ce fait, pour être fort aceptable, n'a pourtant pas reçu d'unanimes adhésions. Madame Ida Pfeiffer, qui fit trois fois le tour du monde, n'a pu vérifier l'exactitude de cette assertion; elle rapporte même que les naturels du pays ne sont pas du même avis, et qu'ils prétendent que ce palmier ne vient que sur un sol humide. Cette île, si vaste et si riche de Madagascar, n'est pas encore suffisamment explorée pour que les botanistes puissent dire leur dernier mot à l'égard de ses productions végétales.

Les palmiers raffias, dont nous parlions tout à l'heure, sont plus élégants que les précédents; leurs longues feuilles se recourbent en ornements et au sommet de ces colonnes végétales, qui ressemblent aux piliers d'un édifice, retombent en arabesques recourbées. En observant cet arrangement et en se souvenant des édifices d'Orient, on est involontairement porté à croire que cette architecture végétale a fourni le type original des colonnes byzantines; l'harmonie de ce temple naturel semble inviter les pensées au recueillement et à la prière, mieux peut-être que les arceaux de pierre qui viennent se joindre hermétiquement sur nos têtes et arrêter l'essor des âmes sous la voûte des basiliques immobiles.

ARBRE SAINT DE L'ILE DE FER

« Au plus haut du pays, sont des arbres qui toujours dégouttent eau belle et claire qui chet en fossettes auprès des arbres, la meilleure pour boire qu'on ne sauroit trouver. » Ainsi s'expriment les historiens de la *Conquête des Canaries*, au sujet de l'arbre saint de l'île de Fer.

Cardan l'a mentionné comme une merveille végétale, se plaisant à voir en lui, aussi bien et mieux qu'en toutes choses, un phénomène quelque peu magique. Le chancelier Bacon s'en est de même occupé dans son *Novium organum;* mais, ne sachant comment expliquer le genre de distillation qu'il présentait, il prit le parti de tout nier, jusqu'à l'existence même de cet arbre.

L'arbre saint de l'île de Fer

Abren-Galindo, qui voulut examiner par lui-même
cet arbre extraordinaire, en a donné la description.
Son tronc a 12 palmes de circonférence, 4 de diamètre, et 30 ou 40 pieds de hauteur. La tête, qui
est ronde, a 120 pieds de tour. Les branches sont
très ouvertes et touffues ; son fruit ressemble à un
gland avec son capuchon. Il ne se dépouille jamais
de ses feuilles, c'est-à-dire que la feuille sèche ne
tombe que quand la jeune est formée, et cette feuille
est, comme celle du laurier, dure et luisante, mais
plus grande, courbée et assez large. Il y a tout autour de l'arbre une grande ronce qui entoure aussi
plusieurs de ses rameaux ; et aux environs sont quelques hêtres, des landiers et des buissons.

Chaque jour, dans la matinée, des vapeurs et des
nuages s'élèvent de la mer. Ils sont portés par le
vent d'est, qui est le plus fréquent de cet endroit,
contre les roches qui les retiennent. Ces vapeurs
s'amoncellent sur l'arbre, qui les absorbe, et coulent
en eau, goutte à goutte, sur ses feuilles polies. La
grande ronce, les hêtres, les landiers et les arbustes
qui sont autour distillent de la même manière. Plus
le vent d'est règne, plus la récolte d'eau est abondante ; on ramasse alors plus de vingt fûts d'eau
douce. Un homme qui garde l'arbre en fait la distribution aux habitants.

Cet arbre a plus d'importance encore que de singularité, car sans lui, l'île manquerait à peu près
d'eau potable. On dit que, faute d'eau, les bestiaux

y sucent, pour se désaltérer, les racines d'une plante nommée *gamona*, qui paraît être l'*asphodèle*, et qu'ils boivent même de l'eau de mer. Dopper rapporte que lorsque les Européens se présentèrent pour faire la conquête de l'île, les indigènes avaient entouré l'arbre saint d'une barrière de branchages, afin qu'il ne fût pas remarqué des étrangers. Les Européens se fussent retirés, si une femme n'avait révélé à un soldat français le secret de l'arbre et sa position.

L'arbre saint dont ont parlé les historiens de la conquête, n'existe plus aujourd'hui; un ouragan l'a déraciné au dix-septième siècle, et procès-verbal fut dressé de ce malheur public; mais les indigènes n'eurent pas l'industrie de reproduire l'arbre précieux, soit par graine, soit par bouture. Il appartient à la famille des lauriers. Bory de Saint-Vincent l'a nommé *Laurus indica*, le docteur Roulin, *Laurus fœteus*. Les indigènes le nomment garvé. Des sceptiques ont prétendu que cet arbre n'avait pas même existé; mais il n'offre, en résumé, rien d'inacceptable. D'autres végétaux remplissent un rôle analogue. On peut même dire qu'en général les arbres agissent comme de véritables alambics, distillant par leur action réfrigérante les vapeurs contenues dans l'atmosphère. C'est là tout le secret de l'arbre merveilleux. Aujourd'hui encore, les pâtres se procurent de l'eau potable en creusant au pied des troncs de certains arbres, de même qu'en basse mer il suffit de

creuser un trou dans le sable pour avoir autant d'eau
qu'on en désire; au pied des arbres, une eau distillée
demeure, et lorsqu'on a formé une ouverture, cette
eau provenant de la rosée et des brouillards ne tarde
pas à les remplir.

Le palmier.

CHAPITRE IV

LES PALMIERS, LE DATTIER

Après les arbres qui précèdent, plus curieux que remarquables par leur importance, il est de droit d'ouvrir notre description du monde végétal par l'illustre et antique famille des palmiers.

La dynastie des palmiers, pour nous servir d'une expression de Linné, règne sur les contrées tropicales de la terre et se place au premier rang des végétaux. Cette suprématie leur est acquise par leur richesse, leur beauté et leur élégance, et plus encore par l'importance des services qu'ils rendent aux habitants des tropiques. Les palmiers se chargent en effet de subvenir aux besoins de l'existence, fournissent le pain, l'huile et le vin, et, par surcroît, les vêtements, les objets usuels et jusqu'aux matériaux de construction.

Par leur forme, leur aspect, aussi bien que par leur structure, ces végétaux diffèrent essentiellement de ceux de nos contrées. Une seule tige, droite et svelte, s'élève à la hauteur de 15, 20 et 25 mètres au-dessus du sol ; complètement nue, aucune feuille, aucune branche ne se montre dans toute sa hauteur ; au sommet seulement, un immense panache, formé de longues feuilles composées, que tout le monde connaît sous le nom de palme, couronne la colonne végétale ; la longueur de cette touffe peut atteindre de 3 à 4 mètres ; c'est à la naissance de ces longues feuilles que se montrent les fruits du palmier. Cette description sommaire se rapporte principalement au dattier, que l'on a nommé le prince des palmiers, et, par extension, le prince du règne végétal. Originaire de l'Arabie et de l'Afrique septentrionale, le dattier est l'arbre par excellence des oasis. Par son ombrage rafraîchissant, par son fruit, par son lait, par son utilité générale, il s'est assuré la sympathie des voyageurs, aussi bien que l'affection des indigènes.

Le dattier, dit M. Ch. Martins, est l'arbre nourricier du désert ; c'est là seulement qu'il mûrit ses fruits : sans lui le Sahara serait inhabitable et inha bité. La poésie arabe en a fait un être animé créé par Dieu le sixième jour, en même temps que l'homme. Pour exprimer à quelles conditions il prospère, l'imagination des Sahariens exagère le vrai afin de le rendre plus palpable. « Ce roi des oasis, « disent-ils, doit plonger ses pieds dans l'eau et sa « tête dans le feu du ciel. » La science consacre cette affirmation, car il faut une somme de chaleur de 5100°, accumulée pendant huit mois, pour que le dattier mûrisse parfaitement ses fruits. La somme de chaleur est-elle moindre, les fruits nouent, mais ils grossissent à peine, restent âpres au goût et privés de la fécule et du sucre qui en constituent les propriétés nutritives.

Le climat du Sahara réalise ces conditions, ajoute le savant botaniste. La température moyenne de l'année doit être de 20 à 24°, suivant les localités. Les chaleurs commencent en avril et ne cessent qu'en octobre. Pendant l'été, le thermomètre atteint souvent 45° et même 52° à l'ombre ; c'est ce que l'on observa, par exemple, le 15 août 1859 et le 17 juillet 1865 à Tougourt. L'hiver est relativement froid... Les dattiers supportent parfaitement un froid nocturne sec et passager de 6° au-dessous de 0, et une chaleur de 50°. Le sable du désert, qui rayonne beaucoup, se refroidit plus que l'air et conserve à quelques décimètres de profondeur une certaine fraîcheur qui se communique aux racines des arbres. Les pluies sont rares dans le Sahara ; elles tombent en hiver et provoquent le réveil de la végétation desséchée par les chaleurs de l'été. Quelquefois elles sont torrentielles, mais de courte durée. A Tougourt et à Ouargla, des années entières se passent sans qu'il tombe une goutte d'eau. Comprend-on maintenant la reconnaissance des Arabes pour l'arbre aux fruits sucrés qui prospère dans le sable, arrosé par des eaux saumâtres mortelles à la plupart des végétaux, restant vert quand tout se torréfie autour de lui sous les rayons d'un soleil implacable, résistant aux vents qui courbent jusqu'à terre sa cime flexible, mais ne sauraient ni rompre son stipe, composé de fibres entrelacées, ni déraciner sa souche, retenue par des milliers de racines adventives qui, descendant du tronc vers la terre, le lient invariablement au sol? Aussi peut-on dire sans métaphore : « Un seul arbre a peuplé le désert ; une civilisation rudimentaire comparée à la nôtre, très avancée par rapport à l'état de nature, repose sur lui ; ses fruits, recherchés dans le monde entier, suffisent aux échanges, et créent non seulement l'aisance, mais la richesse. » Dans les trois cent soixante oasis qui appartiennent à la France, chaque dattier acquitte un droit qui varie de 20 à 60 centimes suivant les oasis, et ces cultures prospèrent, le produit moyen de chaque arbre étant de trois francs environ.

Nous savons par le même naturaliste que, pour obtenir le lait du dattier, les Arabes de Tougourt emploient le procédé suivant. On enlève circulairement la couronne de feuilles en ne ménageant que les inférieures. La section a la forme d'un cône, où l'on enfonce un roseau creux par lequel le liquide s'écoule dans un vase qui se déverse à son tour dans un autre suspendu aux feuilles de l'arbre. Celui-ci ne meurt pas toujours après cette mutilation, le bourgeon terminal se reproduit, et le palmier se rétablit peu à peu. L'opération peut être renouvelée jusqu'à trois fois. La tête des palmiers s'élève à environ quinze mètres. L'air circule sous le vaste parasol formé par leurs cimes rapprochées, mais le soleil n'y pénètre pas. De l'ombre, de l'air et de l'eau, tels sont les trois éléments qui permettent les cultures les plus variées dans les jardins des palmiers, malgré les chaleurs brûlantes de l'été.

Les oasis de palmiers sont de véritables paradis dans l'immensité brûlante des déserts. Nous ne pouvons nous refuser à rapporter ici la rencontre fortuite d'un groupe de ces végétaux sauveurs faite par M. Martins dans sa traversée du Sahara oriental : « Le désert sans limites, dit-il, s'étendait devant moi. Le soleil, suspendu au-dessus d'un horizon circulaire comme celui de la mer, semblait seul vivant au milieu de cette nature inanimée. Tout à coup j'aperçois des cimes de palmiers dont je ne voyais pas les troncs ; je crois à une illusion, à un mirage ; nous avançons, les cimes se dessinent mieux, mais les troncs n'apparaissent pas. La caravane s'arrête près d'un puits à bascule ; je cours vers les palmiers, ils étaient plantés au fond d'un trou conique de 8 mètres de profondeur environ. Le sable avait été relevé de tous côtés ; les faibles palissades en feuilles de palmiers plantées sur la crête le retenaient sur certains points ; sur d'autres, des cristaux de sulfate de chaux, de toutes les formes et de toutes les grosseurs, alignés comme dans une galerie de minéralogie, contribuaient aussi à fixer un peu le sable mobile. Au fond de ces trous, les dattiers étaient plantés sans ordre ; mais ce n'était plus le palmier grêle et élancé des oasis, le palmier idéal des peintres : c'étaient des arbres au tronc cylindrique, court et gros, portant à quelques mètres du sol des palmes de trois mètres de long et une colonne de régimes de dattes, chapiteaux de ces fûts d'un mètre dépaisseur. Il me semblait voir les colonnes basses et massives d'un temple égyptien ou d'une mosquée de style mauresque. Des racines adventives partant de la base du tronc et s'enfonçant dans le sol formaient à ces colonnes un piédestal conique, et les grandes palmes s'entre-croisant en ogive rappelaient ces colonnades si habituelles dans les monuments dont je viens de parler. Le soir, en pénétrant sous ces voûtes sombres, j'étais saisi d'un véritable sentiment de respect, et ces palmiers majestueux et immobiles au fond de leur cratère de sable étaient bien l'emblème de la civilisation africaine, immobile au milieu du monde agité qui l'entoure. »

La famille des palmiers est fort nombreuse, et les

différentes espèces qui la constituent (on en compte aujourd'hui quatre cent cinquante) offrent un merveilleux intérêt, soit au point de vue de leur étrange beauté, soit au point de vue des services étonnants que les habitants des régions équatoriales savent leur demander. Le cadre de cet ouvrage ne nous permet pas d'ouvrir tous ces trésors ; nous choisissons du moins les plus dignes de l'intérêt et de la curiosité de tous. Parlons maintenant du cocotier.

LE COCOTIER

Comme le dattier, ce végétal élève à la hauteur de trente mètres son stipe droit et isolé, couronné d'un chapiteau de feuilles en forme de plumes, longues de six mètres. On le rencontre sous toute la zone torride, et principalement au voisinage des mers. De son fruit, de sa graine, de ses feuilles, du végétal tout entier, l'homme a su tirer tous les éléments d'une existence champêtre. Le récit suivant, de M. Boniface Guizot, donnera une excellente idée de l'importance et de la nature de ces services.

« Un voyageur parcourait ces pays situés sous un ciel brûlant, où la fraîcheur et l'ombre sont si rares, et où l'on ne trouve qu'à des distances considérables quelque habitation où l'on puisse goûter un repos que la fatigue de la route rend si nécessaire.

Accablé et haletant, ce pauvre voyageur aperçoit une cabane entourée de quelques arbres au tronc droit, élevé et surmonté d'un gros bouquet de feuilles très grandes, dont les unes relevées et les autres pendantes avaient un aspect élégant et agréable. Rien d'ailleurs, autour de cette cabane, n'annonçait un terrain cultivé. A cette vue qui ranime ses espérances, le voyageur rassemble ses forces épuisées, et bientôt il est reçu sous ce toit hospitalier. Son hôte lui offre d'abord une boisson aigrelette, qui le désaltère et le rafraîchit. Lorsque l'étranger eut pris quelque repos, l'Indien l'invita à partager son repas; il servit divers mets contenus dans une vaisselle brune, luisante et polie; il servit aussi du vin d'une saveur extrêmement agréable. Vers la fin du repas, il offrit à son hôte des confitures succulentes, et lui fit goûter d'une fort bonne eau-de-vie. Le voyageur étonné demanda à l'Indien qui, dans ce pays désert, lui fournissait toutes ces choses.

« Mes cocotiers, lui répondit-il. L'eau que je vous ai offerte à votre arrivée est tirée du fruit avant qu'il soit mûr, et il y a quelquefois des noix qui en contiennent trois ou quatre livres. Cette amande d'un si bon goût est le fruit de sa maturité; ce lait que vous trouvez si agréable, est tiré de cette amande; ce chou si délicat est le sommet d'un cocotier; mais on ne se donne pas souvent ce régal, parce que le cocotier dont on a ainsi coupé le chou meurt bientôt après. Ce vin dont vous êtes si content est aussi fourni par le cocotier ; on fait pour cela des incisions aux jeunes tiges des fleurs, il en découle une liqueur blanche, qu'on recueille dans des vases, et qui est connue sous le nom de vin de palmier. Exposée au soleil, elle s'aigrit et donne du vinaigre. Par la distillation, on en obtient cette bonne eau-de-vie que vous avez goûtée. Ce même suc m'a encore fourni le sucre pour ces confitures que j'ai faites avec l'amande. Enfin toute cette vaisselle et ces ustensiles qui nous servent à table ont été faits avec la coque des noix de cocos. Ce n'est pas tout : mon habitation elle-même, je la dois tout entière à ces arbres précieux ; leur bois a servi à construire ma cabane ; leurs feuilles sèches et tressées en forment le toit ; arrangées en parasol elles me garantissent du soleil dans ma promenade ; ces vêtements qui me couvrent sont tissus avec les filaments de ses feuilles ; ces nattes qui me servent à tant d'usages différents en proviennent aussi. Les tamis que voilà, je les trouve tous faits dans la partie du cocotier d'où sort le feuillage ; avec ces mêmes feuilles tressées, on fait des voiles de navires ; l'espèce de bourre qui enveloppe la noix est bien préférable à l'étoupe pour calfeutrer les vaisseaux ; elle pourrit moins vite, et se renfle en l'imbibant d'eau. On en fait aussi de la ficelle, des câbles et toutes sortes de cordages. Enfin, je dois vous dire que l'huile délicate qui a assaisonné plusieurs de mes mets, et qui brûle dans ma lampe, s'obtient par l'expression de l'amande fraîche. »

« L'étranger écoutait avec étonnement et admiration comment ce pauvre Indien, n'ayant que des cocotiers, avait néanmoins par eux absolument tout ce qui lui était nécessaire. Lorsque le voyageur se disposait à partir, son hôte lui dit : « Je vais écrire à un ami que j'ai à la ville ; vous vous chargerez, je vous prie, de mon message. — Oui, et sera-ce encore le cocotier qui vous fournira ce qu'il vous faut? — Justement, reprit l'Indien ; avec de la sciure des branches j'ai fait cette encre, et avec les feuilles ce parchemin ; autrefois on en faisait toujours usage pour les actes publics et les faits mémorables. »

LE LAQBY

A l'époque où le retour du printemps réveille la sève engourdie, dit M. le baron de Krafft[1], un homme monte au haut d'un dattier, dont il gravit le tronc svelte et écaillé sans autre secours que ses pieds nus et une ceinture de corde qui l'unit à l'arbre. Il est armé d'une hachette bien aiguisée. Arrivé au faîte, à ce chapiteau d'où s'élance le panache de palmes qui surmonte la flexible colonne, il taille sans pitié, il coupe tous les rameaux, n'en réservant que quatre qui tristement s'allongent en croix, parallèlement à

---

[1] *Le Tour du monde*, t. II, I, p. 71.

l'horizon, comme pour indiquer les quatre points cardinaux. Sur l'insertion de l'un d'eux, il fait passer une cordelette dont les deux bouts touchent le sol, et entre deux des palmes épargnées, il blesse le pauvre arbre d'une incision profonde. Il descend alors. Le tonneau de laqby est mis en perce. Une petite jarre à large goulot, pouvant contenir trois litres, est hissée au moyen de la corde et va s'appliquer sous l'incision : douze heures après, vous pouvez la descendre et la remplacer par une autre, elle est pleine d'un liquide gris pâle, un peu trouble, assez semblable à de l'eau d'orge peu chargée ; c'est le .aqby frais, sève presque fade, tant elle est douce et sucrée, charmant et léger purgatif à prendre le matin. Quelques heures après on entend un bruissement dans le vase; le liquide s'éclaircit et semble bouillir; d'innombrables bulles d'air viennent former à sa surface une mousse sans consistance, et si vous goûtez alors le breuvage pétillant, vous songerez sans regret aux meilleurs vins de Champagne. Le laqby pris à ce point n'offre aucun inconvénient, il égaye sans enivrer, la fermentation l'a rendu rafraîchissant tout en lui faisant perdre ses propriétés laxatives. Mais laissez encore passer une demi-journée, cette boisson devient blanche et épaisse comme du lait, prend une odeur pénétrante, un goût légèrement aigre, et enivre comme l'eau-de-vie. Le vin de Champagne s'est changé en une bière blanche d'une force alcoolique remarquable. C'est alors que les amateurs l'apprécient : tel bon musulman, telle musulmane rigide qui se voile la face devant un verre de vin, boira sans scrupule et publiquement sa tasse de laqby, qui n'est que de l'eau de palmier. Il faut vider la cruche, car demain on ne trouverait qu'un liquide nauséabond encombré de petites mouches rougeâtres. C'est la plus éphémère des boissons ; on ne peut la boire qu'à l'ombre de l'arbre qui la produit. Tous les essais pour en régler ou en arrêter la fermentation ont été inutiles. C'est un prédicateur éloquent de la philosophie d'Horace : « Jouissez du jour qui passe et ne vous fiez pas au lendemain. »

C'est dans la Tripolitaine (Afrique septentrionale), que les Arabes font du laqby leur consommation habituelle, en fumant sur le bord d'un djébié.

PALMIER AREC

Auprès du palmier au vin de Champagne, il convient de placer le svelte palmier arec, tant estimé des Indiens pour ses feuilles et pour ses fruits. La tige, malgré son élévation, n'a pas trois centimètres de diamètre, et ne s'élève pas à moins de douze à treize mètres. C'est grâce à ses racines que cet arbre résiste au vent des tropiques. Les feuilles longues et divisées comme celles de tous les palmiers terminent élégamment par une sorte de chapiteau végétal cette haute et légère colonne; à leur plein degré de développement, elles mesurent cinq mètres de long sur moitié de large; à leur naissance et avant de sortir de leur bourgeon, elles forment le *chou du palmier*, aliment recherché par les Indiens et même par les blancs.

Une plantation d'arecs donne des fruits en tout temps, et souvent un même palmier porte trois régimes, dont un est encore en fleur tandis que le plus ancien et tout à fait mûr. Ces fruits, quand la grosseur est à peu près celle d'un œuf, sont réunis en grappes volumineuses, et prennent en mûrissant la couleur de l'orange. On les cueille quelquefois avant leur maturité, parce que leur pulpe intérieure, nommée *pinang*, est alors d'une saveur agréable. Mais généralement on attend les six mois nécessaires à la maturité, parce que le pinang est alors converti en filasse blanchâtre, dans le genre de notre cerneau, et développe une semence de la grosseur d'une noix muscade : cette noix d'arec est un des trois ingrédients qui composent le bétel, cette substance si connue, que les Indiens mâchent perpétuellement, et qui donne à leurs dents cette teinte d'ocre et noire si repoussante pour nous.

Le bétel se compose en effet d'arec, de chaux et du fruit du bétel, sorte de poivre analogue au nôtre. On se demande comment la réunion de ces trois substances peut être agréable au goût; cependant il est incontestable que le règne du bétel est de longue date parmi les Indes orientales et non moins étendu que celui du tabac en Europe. Les femmes l'emploient habituellement, et son règne date de si longtemps que les indigènes ne se rappellent pas — traditionnellement même — d'avoir jamais vu de dents blanches chez eux, si bien qu'à leurs yeux c'est un signe de laideur que d'avoir les dents blanches « comme celles des chiens. » Il ne faudrait pas croire cependant que ce masticatoire n'ait pas quelque avantage : il fortifie l'estomac et donne à l'haleine une odeur fort agréable : les médecins ont établi sa bonne renommée en donnant l'exemple à ceux qui craindraient d'en contracter l'habitude. Mais ces avantages n'empêchent pas qu'ils ne fassent tomber l'émail des dents et les dents elles-mêmes ; la chaux est très probablement le principe de cette action.

Le bétel indien ne doit pas être confondu avec celui dont les femmes turques font usage : ce dernier n'a pas les mêmes inconvénients que le précédent, tout en ayant les mêmes avantages. C'est toujours avec de l'arec et du bétel récemment cueillis que l'on prépare le masticatoire indien ; on le sert ordinairement sur des feuilles de cet arbre, et souvent on laisse aux consommateurs le soin de faire eux-mêmes, suivant leur goût, le mélange des trois substances. La couleur est rougeâtre, c'est ce qui fait que la salive, devenue plus abondante par la mastication, se colore en rouge et doit être rejetée jusqu'à ce que sa couleur soit disparue ; préliminaire fort déplaisant, et qui cependant n'empêche pas les Indiennes d'en faire usage.

Les Anglais appellent cet arbre : arbre à noix de bétel. Cette dénomination n'a pas de fondement dans la nature, mais dans la cuisine, et on garde à ce végétal son nom spécifique.

LE PALMIER ÉLAIS

Parmi les plantes précieuses qui croissent dans les forêts brillantes de l'Afrique, au delà du cap Vert, il est un palmier dont le panache se balance à dix mètres dans les airs et que les nègres appellent *leur ami.* Ceux-là même qui ont visité les splendides forêts des tropiques sont ravis à l'aspect de cette végétation vigoureuse et magnifique qui revêt les pentes inclinées vers la mer, et ne passent pas sans remarquer cet arbre, l'*Élaïs guineensis,* qui récompense avec tant de largesse les soins des habitants du rivage. Et cette impression n'est pas inférieure à celle qui résulte de l'utilité que l'industrie européenne a reconnue dans cet arbre, et dont l'exportation tire si bon parti de Liverpool à New-York.

Parmi ces divers produits, l'huile seule a été l'objet d'un commerce étendu et de l'exportation.

Non seulement les indigènes demandent à cet

arbre le vin et l'huile, mais ils l'utilisent encore pour la confection de leurs lignes de pêche, de leurs chapeaux, de leurs paniers, de leurs instruments de bois et pour la construction de leurs cabanes. Il est leur compagnon, leur soutien, chargé par la nature de subvenir à leurs besoins de chaque jour.

Autrefois la fabrication était abandonnée aux indigènes, mais l'importance qu'elle a prise a donné lieu à de vastes établissements agricoles composés de fermes disséminées parmi les forêts de la côte. A l'époque de la maturité, on cueille les graines et on en remplit des auges formées en terre; les nègres, chaussés de sandales de bois, les écrasent en les foulant.

L'huile de palmier est une des plus importantes à considérer de la côte d'Afrique. L'élaïs ne croît pas dans les mêmes conditions que le sésame. Il est exclusivement tropical et africain. On le trouve en familles considérables dans les localités abritées et dans les terrains fertiles. L'aspect de ce magnifique palmier rappelle celui du dattier des Arabes.

Ce n'est guère qu'à l'état sauvage qu'on l'exploite, et la plus grande partie de l'huile de palmier qui s'importe en France est fabriquée dans les contrées où nous ne possédons que des comptoirs. Du palmier élaïs on tire non seulement l'huile, que l'on a dernièrement pu décolorer de son aspect jaunâtre; mais Marseille en fabrique encore du savon et des bougies.

LE PALMIER LATANIER

Linné donnait aux palmiers le titre pompeux de *Principes vegetantium*, princes des végétaux. On peut dire, en effet, qu'ils constituent l'aristocratie du monde des plantes, et que, par leur beauté et leur majestueuse stature, ils sont dignes du titre dont on les a décorés.

Le latanier, et notamment le latanier rouge, est l'un des plus beaux représentants de la famille des palmiers. Il est originaire des provinces méridionales de la Chine, et répandu dans l'Inde entière. La fleur est d'un rouge superbe. Les feuilles servent aux naturels à couvrir leurs cabanes, et leurs fibres à la confection de chapeaux légers, qu'il faut bien se garder, toutefois, de confondre avec les chapeaux de Panama. Cet arbre ne fleurit que deux fois par siècle. Notre dessin représente le latanier rouge. Ce végétal acclimaté n'est pas moins beau ni moins élevé que ceux de son espèce qui croissent à l'état sauvage dans son pays natal.

On voit généralement, au frontispice des manuscrits hindous, un dessin symbolique représentant la valeur des palmiers dans les Indes : c'est un homme lisant, couché à l'ombre de l'un de ces arbres. En effet, l'Inde est redevable aux palmiers,

Latanier rouge.

non seulement de l'alimentation de ses enfants, mais
encore des choses indispensables à la vie. Trois surtout lui rendent d'excellents services, ce sont le sagou, le cocotier et le dattier. En fleurissant, le sagou
donne à l'homme une fécule nutritive, en abondance,
jusqu'à 200 kilogrammes par chaque arbre. De son
côté, le cocotier peut à lui seul fournir à tous les
besoins de l'homme dans ces climats. Nourriture
(pain et vin), habillement, maison, instruments d'u-
sage quotidien : le cocotier se charge de tout cela.
Le dattier ne lui est pas inférieur. On sait quelle
ressource alimentaire son fruit donne aux Africains.
Ces trois espèces de palmiers méritent des habitants
des tropiques l'intérêt que nous portons dans nos
contrées au blé et à la vigne; les indigènes ne sont
pas ingrats. Dans plus d'une religion antique, on a
trouvé ces arbres consacrés par l'adoration des peuplades reconnaissantes.

Le voyageur en Palestine et en Syrie contemple
avec un intérêt différent le palmier de ces terres so-
lennelles. Le dattier est l'arbre le plus commun dans
ces parages. Partout, dit un voyageur, on admire son
stipe cylindrique balançant dans les airs un chapiteau formé de nombreux régimes de dattes et surmonté d'un panache de grandes feuilles finement
découpées. Rien n'est plus beau qu'une avenue de
ces nobles arbres. Sur la baie d'Aboukir, on voit
quels aspects variés le palmier peut revêtir, et l'on
conçoit l'enthousiasme des prophètes de la Bible et

des poètes de l'Orient qui l'ont célébré dans leurs chants poétiques : tantôt il s'élance verticalement, semblable à une colonne solitaire, ou bien il se couche et se tord sur le sol comme un serpent ; ailleurs, plusieurs arbres réunis s'arrondissent en dôme de verdure ; plus loin, le tronc cassé par le vent a été remplacé par les innombrables rejetons de la souche qui l'ont transformé en buisson épineux : la vie qui circule en lui se manifeste sur toutes les formes, suivant les circonstances extérieures, de sorte qu'à l'état sauvage son aspect n'est jamais le même ; mais une rangée de dattiers plantés et alignés a toute la régularité, la symétrie et la majesté de la colonnade antique dont elle est le modèle.

LE PALMIER A CIRE

Nous ne saurions quitter la cité des palmiers sans mentionner celui qui donne la cire, le *Carnahuba*, auquel A. de Humboldt donne comme au Murichi le nom d'arbre de vie. C'est un de ces arbres, dit M. Ferdinand Denis dans son beau livre sur *le Brésil*, auxquels l'existence entière d'une aldée peut se rattacher, surtout dans une contrée aride. Grâce à la solidité de son bois et à la disposition de son feuillage, une cabane commode peut être construite avec quelques carnahubas, sans qu'il soit nécessaire d'em-

ployer d'autres matériaux qu'un peu de terre pour
en former les murailles. Les folioles, disposées en
éventail, servent à fabriquer une foule de menus ouvrages, tels que des nattes, des chapeaux, des corbeilles, des paniers ; et, de plus, le gros bétail peut
s'en nourrir. Durant les temps de sécheresse extrême,
on donne également aux animaux le cœur de l'arbre
quand il est jeune, et ils peuvent s'en contenter à défaut d'autre aliment. Parvenu à toute sa croissance,
on en tire pour les hommes une sorte de fécule nourrissante, à laquelle on a recours dans les temps de
disette. Son fruit est agréable et tout le monde peut
s'en nourrir. Mais la véritable production du car-
nabuba, ce qui en fait un végétal tout à fait à part
dans l'économie végétale, c'est la cire qui couvre la
superficie de ses jeunes feuilles, et qui se présente
sous l'aspect d'une poudre glutineuse. Extraite par
le moyen du feu, cette poussière prend la consistance
de la cire, et elle en a l'odeur : aussi en fait-on dans
le pays des cierges de petite dimension. Le carnahuba
fournit au luxe des cannes que l'on recherche dans
le commerce, à cause de leur poli admirable et des
mouchetures heureusement disposées qu'elles présentent[1].

C'est à la Havane, qu'il faut admirer la belle famille

---

[1] M. Ferdinand Denis nous a remis un spécimen de la cire produite par le *carnahuba,* que ce savant voyageur a rapporté lui-même
du Brésil ; nous remarquons une telle analogie entre cette cire et
celle des abeilles, que l'on peut très facilement s'y tromper.

des palmiers. On rencontre souvent, dans l'île de Cuba, des avenues de palmiers, plantés devant les maisons blanches qui président aux plantations des cannes à sucre. Ici, ce sont des manjos, des orangers; à l'extrémité sont les jardins et les vastes plantations où les nègres, hommes, femmes et enfants, renouvellent chaque jour la veine de l'activité industrielle.

A Cuba, sans être excessivement chaud, l'air est transparent, dit le voyageur anglais Richard Dana. Des nuages doux flottent à demi-hauteur dans un ciel serein; le soleil est brillant, et la luxuriante flore d'un été perpétuel couvre tout le pays. Partout s'élèvent ces étranges palmiers! Beaucoup d'autres arbres ressemblent aux nôtres; mais ceux-là constituent l'aspect caractéristique de la contrée tropicale. Le palmier royal a cet air par excellence : il ne peut croître hors d'une étroite ceinture qui court autour du globe. Son tronc, long, mince, si droit et si uni, emmaillotté depuis le pied dans le bandage serré d'une toile grise, montre un cou d'un vert foncé, et au-dessus une crête et un plumage de feuilles de la même couleur. Il ne donne pas d'ombre, et ne porte pas de fruits estimés de l'homme. Il n'a aucune beauté particulière pour faire pardonner son inutilité. Pourtant il a quelque chose de plus que la beauté, il exerce sur le regard une fascination étrange, et on sent, quand on l'a vu qu'on ne peut plus l'oublier.

Palmiers des îles Séchelles.

Castel, dans son poème sur *les Plantes*, célèbre les palmiers à cire, et s'étend sur les facultés dont la nature a doué leurs fleurs de voyager au loin à la surface des eaux :

> On voit sur l'Océan ces flottes végétales
> Franchir sans conducteur d'immenses intervalles,
> Repeupler en passant des rivages déserts
> Et voguer d'île en île au bout de l'univers.
> Ne craignez pas que l'onde, à travers la nacelle,
> Porte aux germes éclos une atteinte mortelle ;
> Tous les ais sont cousus avec un art divin ;
> Et même la nature a souvent de sa main,
> Pour fermer toute entrée à la vague orageuse,
> Enduit l'esquif entier d'une cire onctueuse.
> Tel flotte le canot du cirier odorant,
> Des présents de l'abeille aimable supplément ;
> Tels mille végétaux qu'en ses rades profondes
> L'Américain charmé voit courir sur les ondes.

L'Amérique septentrionale produit deux espèces de ciriers. L'un est originaire de la Louisiane, c'est celui que Linné a décrit sous le nom de *Myrica cerifera*, et qui s'élève à la hauteur de dix à douze pieds. Il fut le premier connu en Europe. Les graines que l'on apporta en France ne levèrent que dans les serres chaudes ; sa culture demande des soins et il ne fleurit que très rarement. L'autre est le cirier de Pennsylvanie, dont la tige ne monte pas au delà de cinq pieds, qui porte des feuilles plus larges et plus courtes, et dont le fruit est plus gros. Celui-ci n'est pas parfaitement acclimaté. Il végète avec vigueur et résiste aux froids les plus rigoureux. Les marécages, les bords humides et sablonneux de la mer sont des terrains qui lui conviennent. Un arbrisseau bien fertile peut fournir jusqu'à sept livres de baies qui rendent près de deux livres de cire. On retire cette cire par le moyen de l'eau bouillante, en ayant soin, pour la détacher, de remuer et de froisser les graines contre les parois du vase. Les bougies de cette cire végétale parfument les appartements; leur lumière est vive et claire, surtout si dans la manipulation l'on ajoute un peu de suif, comme en Amérique. Le cirier récrée la vue par le vert animé de son feuillage, dont l'hiver même ne le dépouille pas; il flatte l'odorat et purifie, par ses émanations balsamiques, l'air insalubre des marais au milieu desquels il habite.

Nous terminerons nos revues des palmiers en mentionnant celui des îles Séchelles, dont parle Pyrard de Laval dans la relation de son voyage aux îles Maldives. « Au bord de la mer, dit-il, il y a une certaine noix que la mer jette quelquefois à bord, qui est grosse comme la tête d'un homme et qu'on pourrait comparer à deux melons joints ensemble. Ils la nomment *tavarcarré*, et ils tiennent que cela vient de quelques arbres qui sont sous la mer. Les Portugais les nomment cocos des Maldives : c'est une chose fort médicinale et de grand prix. Souvent, à l'occasion de ce tavarcarré, ou bien de l'ambre gris et noir, comme il s'en trouve aussi, les gens et les officiers du roi maltraitent de pauvres gens, quand ils

les soupçonnent d'en avoir trouvé; et même, quand
on veut faire déplaisir à un homme, on lui impute
et on l'accuse de cela, comme on fait ici de la fausse
monnaie, afin qu'il en soit recherché ; et quand
quelqu'un devient riche tout à coup et en peu de
temps, on dit communément qu'il a trouvé des ta-
varcarrés ou de l'ambre, comme si c'était un tré-
sor[1]. »

Le fruit de ce palmier porta pendant longtemps le
nom de *Nux medica*. L'arbre porte le nom de *Lodoi-
cea*. Son fruit volumineux est souvent entraîné par la
mer à des distances considérables; c'est de là que
vint l'idée des indigènes d'imaginer qu'il sortait
d'arbres sous-marins.

[1] *Voyageurs anciens et modernes*, par Édouard Charton, t. VI,
p. 279.

Le bambou.

CHAPITRE V

BANANIER. — BAMBOU. — BAOBAB

Voici peut-être les trois plus forts ouvriers du monde végétal; ils ont vaincu les siècles, et aucun être n'est capable de rivaliser avec leur puissance.

Certains écrivains ont cherché à démontrer que le bananier était l'arbre placé au centre du paradis terrestre, dont le fruit défendu, trop convoité par la curieuse mère du genre humain, causa tant de malheurs à notre pauvre race, et que c'est de ces feuilles que Adam et Ève se vêtirent lorsque après leur faute ils furent chassés de l'heureux séjour. La chose est assez difficile à déterminer, et ce n'est pas sous ce point de vue que nous parlerons ici de cet arbre merveilleux.

Les populations de l'Amérique, de l'Afrique, de l'Inde, et les indigènes des îles de l'océan Pacifique apprécient à sa haute valeur ce végétal précieux, car il nourrit une grande partie des hommes qui habitent les régions tropicales et est répandu avec assez de profusion pour servir à la nourriture journalière de peuples entiers. C'est un végétal herbacé, dont la hauteur est de quinze pieds environ, et qui se compose d'une tige simple, ronde et droite, vert jaunâtre, terminée par un épanouissement de grandes feuilles ovales, longues de six pieds sur dix-huit à vingt pouces de large. Une grande et forte nervure centrale traverse les feuilles, mais celle-ci est si tendre, que souvent les vents la déchirent.

Un épi de fleurs de quatre pieds de haut environ s'élève du centre des feuilles huit à neuf mois après la naissance du végétal. Aux fleurs succèdent bientôt des fruits de la longueur de huit pouces sur un de diamètre, fruits délicieux qui se remplissent d'une chair mûrie à mesure qu'ils avancent vers la maturité. Ces fruits longs, dont le poids s'élève quelquefois à soixante-dix livres, offrent l'aspect d'une énorme grappe, où se serrent un nombre considérable de fruits, quelquefois de cent cinquante à cent soixante. Lorsque l'on dépouille l'arbre de ses fruits, on coupe en même temps la tige, qui se dessécherait, et les rejetons s'élèvent rapidement aux pieds, préparant une nouvelle récolte pour une demi-année plus tard. On entretient la végétation en cultivant de temps en temps le sol au pied des arbres, c'est la culture la plus simple ; et les bananeries, ordinairement établies près des rivières, sont des établissements faciles à entretenir.

La préparation culinaire des bananes est également des plus simples ; on se contente de faire cuire le fruit, soit à l'eau bouillante, soit au four, soit sous la cendre. On utilise la partie fibreuse des tiges, pour la fabrication de certaines chemises grossières, et la partie verte pour la nourriture des gros bestiaux. Les habitants des îles Moluques font subir aux feuilles une préparation qui leur permet de s'en servir comme linge en divers usages.

A poids égal, le bananier est inférieur au froment comme substance nutritive, mais il produit bien davantage à égale étendue de terrain. Un demi-hectare qui, planté de blé, en Europe, ne suffirait pas à la subsistance de deux individus, en entretiendrait cinquante dans les régions tropicales, s'il était planté de bananiers. On a calculé qu'un terrain de cent mètres carrés est capable de fournir plus de quatre milles livres de substances nutritives : il en résulte que le produit de ce végétal est à celui du froment semé sur une égale surface de terrain, comme 133 est à 1, et à celui des pommes de terre, comme 44 est à 1.

On a dans la fécondité naturelle des tropiques un

exemple philosophique de l'état de la nature humaine et des conditions de son développement. Cette vérité : que l'homme ne fait guère de progrès que sous la nécessité d'une excitation vive et continue, trouve son application et sa preuve ici avec plus d'évidence que partout ailleurs. Le bananier nourrit les habitants de cette zone sans leur demander de travail ; le pain de chaque jour s'offre de lui-même à leurs besoins physiques et leur suffit sans nécessiter de leur part aucune fatigue. Il s'ensuit qu'ils se reposent dans une sécurité permanente et que, sur leur front mort, le caractère de l'inertie est imprimé en caractères ineffaçables.

On rencontre à Java une zone de bananiers dont l'aspect laisse toujours une grande impression dans l'esprit. Écoutons M. de Molins rapportant son arrivée dans les forêts de l'île : « Nous arrivâmes, dit-il, dans des pays découverts, et nous atteignîmes après une heure et demie de marche les premières jungles. C'était un fouillis de verdures, où le bananier sauvage, avec ses feuilles vert pâle d'un côté et de l'autre tachées de rouge et de brun, se rencontrait en majorité. Nous nagions dans des flots de plantes de toutes sortes : nous y admirions surtout les grandes fougères au tronc solide, aux feuilles si gracieuses et si régulières, les grandes fougères qui tiennent à la fois de la fleur par leur forme exquise, de l'oiseau par leur belle couleur, et de l'arbre par leur taille imposante.

« Tout à coup le mandour qui nous servait de

guide, et qui savait le but de notre excursion, s'arrêta en nous disant : « Voilà ! — Voilà quoi ? dis-je. — Le « premier des grands arbres, monsieur, celui que « l'on voit de Maga-Meudouy. »

« Et il m'indiqua du regard une sorte de tour garnie à son sommet de branches et de feuilles, mais que bien certainement je n'aurais pas pu prendre pour un arbre. « Celui-ci est petit, me dit-il ; mais, « en montant plus haut, ces messieurs en verront « de bien plus grands. »

« En effet, bien que l'échantillon que nous avions devant les yeux dépassât les limites du vraisemblable, nous reconnûmes, en arrivant aux lisières de l'immense forêt, que les arbres devenaient de plus en plus gros. Chose remarquable pourtant, ils étaient presque tous malades ; plusieurs d'entre eux, noirs dans le haut, étendaient dans les airs leurs grands bras décharnés. L'on m'apprit que le soleil en était la seule cause et que ces vigoureux végétaux ne pouvaient pas supporter ses rayons. »

Les voyageurs s'accordent à admirer l'aspect des hauts bananiers et gardent à leur retour l'impression de recueillement qu'inspire la vue de ces colosses, véritables patriarches de ces forêts, témoins sans doute des antiques créations et des époques où la nature était encore dans toute la fécondité de sa jeunesse, et qui, encore debout aujourd'hui, entrelacent la colonnade de leurs troncs géants et étendent dans le ciel le feuillage de leurs énormes branches.

A. de Humboldt présente les bananiers (scitami-
nées et musacées) comme partout associés aux palmiers. Les buissons de bananiers, dit-il, font l'ornement des contrées humides. Leurs fruits fournissent
à la nourriture de presque tous les peuples qui vivent
sous la zone tropicale. De même que les céréales
farineuses ont été une ressource constante pour les
habitants du Nord, le bananier n'a jamais fait défaut aux populations voisines de l'équateur, depuis
l'enfance de leur civilisation. D'après les traditions
sémitiques, cette plante nourrissante se développa
originairement sur les bords de l'Euphrate ; suivant
d'autres, elle naquit dans l'Inde, au pied de l'Himalaya. Les légendes grecques présentent les champs
d'Enna en Sicile comme l'heureuse patrie des céréales. Mais les fruits de Cérès, répandus par la culture
dans toutes les contrées septentrionales, n'offrent que
des prairies monotones qui ajoutent peu aux charmes
de la nature ; l'habitant des tropiques, qui multiplie
les plantations de bananiers, propage au contraire
l'une des formes les plus belles et les plus majestueuses du règne végétal.

LES BAMBOUS

Nous ne connaissons aucune espèce d'arbres qui
puisse servir à des usages aussi diversifiés que le

bambou. L'Indien en tire une partie de sa nourriture, des ustensiles de ménage, des tiges à la fois légères et capables d'une résistance supérieure à celle de bois très lourds et de même volume. Souvent, dans les voyages tropicaux, sous les rayons ardents d'un soleil vertical, des tronçons de bambous ont servi de barriques pour garder aux équipages une eau plus pure que celle qui trop longtemps séjourne dans des vases imprégnés de matières putrescibles. Sur les côtes occidentales de l'Amérique du Sud, dans les grandes îles de l'Asie, les bambous fournissent seuls les matériaux pour la construction de maisons à la fois agréables, solides et préférables pour la sécurité aux maisons de pierre que les tremblements de terre renversent sur ceux qui les habitent.

Les bambous, tels qu'on les rencontre sous les tropiques, se présentent sous l'aspect esquissé en tête de ce chapitre.

On voit qu'en faisant abstraction de la grandeur, ces plantes pourraient être rangées parmi les graminées ou parmi les roseaux. L'aspect extérieur offre de grandes similitudes avec les plantes de cette première classe, l'organisation de la tige creuse, longue, articulée et à feuilles aiguës, offre avec les secondes des analogies tout aussi remarquables. L'indécision est restée dans la classification des botanistes, et aujourd'hui encore on ne s'accorde pas sur le nom à donner à ces végétaux exceptionnels.

Mais le nom ne fait rien à la chose, et nous nous garderons bien d'entrer ici dans les classifications un peu arbitraires de la botanique. Mieux vaut considérer le végétal tel qu'il est, dans ses caractères distinctifs, sans trop nous préoccuper de l'étiquette latine ou grecque que l'on pourrait attacher à sa cime.

Ces végétaux sont confinés à la zone tropicale, soit que les conditions de leur développement appartiennent à la chaleur torride, soit que leurs semences n'aient pas encore rencontré des dispositions favorables dans les régions tempérées. On en distingue cinq ou six espèces.

Le plus élevé des bambous est le *Sammot*. Il atteint quelquefois une hauteur de 100 pieds dans les terrains où il se plaît, et mesure alors dix-huit pouces de diamètre à sa base. Son bois n'a pas en tout un pouce d'épaisseur. La capacité du grand vide intérieur rend ces longues tiges très propres à faire des mesures de capacité, des seaux, des coffrets, etc. On fabrique même des barques légères avec les plus grosses tiges, en les bordant de pièces de bois travaillées suivant les formes nécessaires.

Au second rang par la taille se trouve le bambou *Illy ;* son élévation normale est de 60 à 70 pieds. Son bois presque aussi mince, sa légèreté et sa solidité le rendent propre aux mêmes usages que celui de l'espèce précédente. L'une et l'autre aiment les terres humides et fertiles.

La troisième espèce est la plus employée dans toute l'Asie méridionale, sur le continent et dans les îles. Sa hauteur est de 50 pieds; elle remplace d'abord les deux premières pour les usages mentionnés plus haut, et possède de plus certains caractères d'utilité qui n'appartiennent pas aux premières. Ainsi les jeunes pousses de la tige et de la racine du *télin* (tel est le nom de cette espèce) sont, il paraît, d'excellentes substances alimentaires que l'on mange à la façon des asperges, soit confites dans le vinaigre, soit à divers assaisonnements et avec des viandes. Les colons européens s'en nourrissent par goût aussi bien que les indigènes. Le bois du télin réunit de plus, mieux que tout autre bois, une grande force à une extrême légèreté, et ses poutres, divisées en planches ou subdivisées en lattes, sont des plus favorables aux constructions des tropiques.

Une espèce de bambou, plus petite encore que le télin, et non moins précieuse pour l'économie domestique, l'industrie et l'agriculture, c'est l'*ampel*; elle fournit les leviers, les brancards, les échelles, les rampes, les objets usuels. L'Indien qui, à la cime des hauts palmiers, fait la cueillette du vin à cent pieds de hauteur, ne craint pas de jeter d'un palmier à l'autre un pont d'ampel pour se rendre sur le palmier voisin. Une longue tige de ce bambou forme son pont suspendu, une autre plus légère, perpendiculairement attachée par le côté, lui sert de garde-fou. On se nourrit également des jeunes pousses de cette espèce. C'est dans ce genre de plantes que l'on trouve le *bois de fer*, dans lequel la hache fait jaillir des étincelles ; bois d'une dureté sans égale et qui néanmoins peut être divisé en filaments d'une telle ténuité qu'il remplace l'osier pour de délicats ouvrages de vannerie ; on en fabrique même des tissus.

Mentionnons encore le *tcho* des Chinois, qui leur donne un papier solide, et dont ils se servent pour la fabrication des grands parasols. Les peintres souvent s'en servent comme de toile. Il y a encore le *téba*, dont on fait des haies défensives, des retranchements protégés par les hérissements redoutables de tollam, dont les pointes aiguës percent les chaussures des fantassins et les pieds des chevaux. Puis l'*arundo scriptoria* de Linné, nom donné au *beesha*, parce qu'il est la ressource des écrivains de l'Inde, qui en tirent leurs plumes.

Ces dernières espèces préfèrent les terrains secs et maigres et sont plus faciles à acclimater. La matière sucrée de leurs jeunes pousses en fait un aliment agréable pour l'homme aussi bien que pour les animaux herbivores. La végétation de ces plantes coïncide avec le cours de la lune, d'où l'on a conclu que cet astre la réglait par son influence ; — sorte d'illusion qui n'est pas particulière aux Indes, et que les habitants de nos campagnes partagent encore aujourd'hui. — Les touffes des tiges qui naissent au pied des bambous, issues de la souche souterraine, se développent avec une telle rapidité qu'on les voit littéralement grandir à vue d'œil : en un seul jour, elles atteignent une hauteur de plusieurs pieds, et le microscope peut facilement en suivre le développement. Le caractère le plus remarquable à signaler sur les bambous, c'est leur *floraison* qui, malgré la rapidité de croissance des tiges, n'arrive qu'après cinquante ans. Les bambous ne fleurissent que tous les demi-siècles.

LE BAOBAB

Le plus colossal et le plus ancien des monuments organiques de notre planète est ce végétal de grosseur monstrueuse, aux feuilles cardiformes et lanugineuses souvent découpées, aux fleurs pourpres magnifiques ; arbre énorme qui, parmi les végétaux, semble tenir la place de l'éléphant parmi les animaux, témoin antique des dernières révolutions du globe et des déluges qui sont venus ensevelir les productions de l'ancien monde.

Plusieurs baobabs mesurés accusèrent une grosseur de 70 à 77 pieds de circonférence. A ses branches sont quelquefois suspendus des nids de 5 pieds de long, ressemblant à de grands paniers ovales ouverts par le bas ; ils offrent de loin l'aspect des signaux suspendus aux cordages des ports. Les oiseaux habitant ces nids, dont la taille n'est guère inférieure à celle de l'autruche, sont des hôtes en rapport avec le colosse végétal dans les bras duquel leurs demeures sont bercées.

La hauteur du baobab n'est pas en proportion avec sa grosseur, comme on peut le voir par la figure qui suit.

Quinze hommes étendant les bras suffiraient à peine à embrasser ces troncs immenses, qu'au Sénégal on vénère comme des monuments sacrés. Des branches énormes s'en détachent à une faible hauteur et s'étendent horizontalement jusqu'à donner à l'arbre un diamètre de plus de 100 pieds ; chacune de ces branches, a dit A. Danton, ferait un des arbres monstrueux de l'Europe, et leur ensemble paraît moins former un arbre qu'une forêt.

Ce n'est qu'à l'âge de huit cents ans que les baobabs cessent de grossir et arrivent à leur taille définitive.

Le fruit de cet arbre est rond ou ovale, selon l'espèce ; la couleur de la coquille passe en mûrissant du vert au fauve et au brun. On désigne quelquefois ce fruit sous le nom de pain de singe. Il contient une substance spongieuse plus pâle que le chocolat et pénétrée d'un liquide abondant. Les feuilles, d'abord longues, se divisent plus tard en trois parties, et plus tard encore en cinq fragments, leur donnant de loin l'apparence d'une main.

L'écorce, gris cendré, d'un pouce d'épaisseur environ, est réduite en poudre par les nègres du Sénégal ; ils assaisonnent leurs aliments de cette poudre pour entretenir le corps dans un état de transpiration modérée et pour tempérer l'excessive chaleur intérieure. Ils s'en servent aussi comme antidote pour certaines fièvres.

Les abeilles prennent pour ruches, en Abyssinie, des troncs de baobabs ; ce miel tire de l'arbre un parfum et une saveur qui le font rechercher par les indigènes. Comme les abeilles, les poètes et les musiciens sont ensevelis par les tribus africaines dans des troncs de baobabs. Mais ce ne sont pas, aux yeux de ces tribus, des tombeaux d'honneur ; au contraire, croyant ces hommes supérieurs en communication avec les génies, ils ont de leurs restes une horreur superstitieuse et ne veulent les confier, ni à la terre qui les nourrit, ni au courant des fleuves. On se ferait difficilement une idée de la capacité des cavités de ces troncs. Il en est dans lesquels 240 hommes pourraient tenir. Outre les sépultures dont nous avons parlé, les nègres se servent de ces troncs pour d'autres usages. Quelquefois ils y campent ; ailleurs, ils les convertissent en écuries.

Adanson a calculé l'âge des arbres d'après la profondeur des entailles faites au quinzième siècle par des navigateurs qui y avaient taillé leurs noms en lettres longues de 16 centimètres ; en examinant les nouvelles couches de bois qui ont recouvert ces entailles et en comparant leur épaisseur à celle des troncs d'arbres de même espèce dont l'âge est connu :

Le baobab.

« Il a trouvé, dit A. de Humboldt, pour un diamètre
de 10 mètres, une durée de 5,150 ans. Il a d'ailleurs
eu la prudence d'ajouter ces mots : « Le calcul de
« l'âge de chaque couche n'a pas d'exactitude géomé-
« trique. » Dans le village de Grand-Galarques, situé
aussi en Sénégambie, les nègres ont orné l'ouverture
d'un baobab creux avec des sculptures qui ont été
taillées dans le bois encore vert. L'espace intérieur
sert aux assemblées générales dans lesquelles ils dé-
battent leurs intérêts. Cette salle rappelle la caverne
(specus) formée dans le tronc d'un platane de Lycie,
où un personnage consulaire, Licinius Mucianus, fit
servir à dîner à dix-neuf convives. Pline accorde
trop généreusement peut-être à une cavité du même
genre une largeur de 80 pieds romains. — Les éva-
luations d'Adanson et Perrottet, en attribuant aux
Adansonia qu'ils ont mesuré un âge de 5,150 à
6,000 ans, les font contemporains des constructeurs
des pyramides ou même de Ménès, c'est-à-dire à une
époque où la Croix du Sud était encore visible dans
le nord de l'Allemagne. »

Ces troncs immenses sont couronnés d'un grand
nombre de fortes branches et presque horizontales,
ce qui leur donne de loin la forme de gigantesques
parasols ; les inférieures, en traînant pour ainsi dire
sur le sol, donnent à l'ensemble de l'arbre la forme
d'un hémisphère assez régulier de 30 mètres de hauteur sur 70 mètres de circuit.

La grande sécheresse et la chaleur du climat produisent sur ces végétaux un effet analogue à celui du froid sur les nôtres ; ils perdent leurs feuilles et ne s'en revêtent que dans la saison des pluies, de décembre à juin.

Outre l'usage que les nègres de la Sénégambie font du fruit et de l'écorce du baobab, ils ont encore la précaution de faire soigneusement sécher les feuilles qui apparaissent à l'époque des fruits, et ils les réduisent en poudre qu'ils nomment lâlo. Il paraît que cette poudre jouit de certaines propriétés, et que notamment elle préserve des dysenteries et des fièvres inflammatoires auxquelles sont fréquemment exposés les Européens qui résident au Sénégal.

De tous les arbres connus, le baobab est le doyen pour la grosseur. Il n'y a que le colossal sequoia de la Californie qui l'égale et le surpasse même.

Notre héros fait exception à la loi générale de la végétation en Australie. Il ne se voit presque jamais dans la terre à plus de cent milles du rivage ; on le trouve principalement depuis la rivière Glenely jusqu'aux confins occidentaux d'Arnheim's-Land. Il se peut qu'il vienne aussi sur le bas Alligator ; mais certainement il n'en existe pas au centre et au nord d'Arnheim's-Land.

Il se plaît dans les terrains plats et sablonneux ; sur les terres pierreuses et dans les terres à peu près stériles, il ne s'élève point, mais atteint une grosseur colossale, et il s'en échappe des branches d'un diamètre extraordinaire. En Australie, son fruit est plus petit que celui de l'essence africanis, dont on fait au Sénégal un commerce important. Le fruit des baobabs d'Australie n'est pas moins recherché des Australiens que le précédent n'est recherché des nègres. La pulpe acidulée de ce fruit est appelée, par les Allemands de la rivière Orange, crème de tartre, et par les colons anglais pain de singe. Le baobab australien n'est pas considéré seulement comme une curiosité, mais comme un arbre portant une sorte de nourriture providentielle, aliment solide et liquide à la fois, précieux à rencontrer dans les lieux arides et brûlants [1].

[1] Voy. pour les arbres remarquables au point de vue spécial de la grosseur, notre chapitre IX : *Les doyens et les géants du monde végétal.*

Les cèdres de l'Atlas.

CHAPITRE VI

LES CÈDRES. — LE LIBAN. — L'AFRIQUE

Le voyageur qui franchit les antiques montagnes du Liban ne peut se défendre d'une certaine émotion lorsque, parvenu sur les plateaux élevés qui les couronnent, il remarque sur sa tête le ciel vert des cèdres. Témoins calmes et silencieux des révolutions qui bouleversèrent le monde, ils ont assisté aux terreurs humaines en ces jours funestes où de partiels déluges inondaient les contrées. Les hommes vigoureux des premiers âges se sont reposés sous leur ombre, des hordes et des tribus sauvages y ont établi leurs tentes, des familles patriarcales s'y sont arrêtées aux étapes de leur vie nomade. En approchant d'eux, il semble que nous soyons indignes de les toucher à notre tour, tant les souvenirs qu'ils renferment sont formidables à côté de notre histoire actuelle.

Ces arbres sont les monuments naturels les plus célèbres de l'univers, dit Lamartine, qui les visita en 1822; la religion, la poésie et l'histoire les ont également consacrés. L'Écriture les célèbre en plusieurs endroits; ils sont une des images que les poètes emploient de prédilection. Salomon voulut les consacrer à l'ornement du temple qu'il éleva au Dieu unique, sans doute à cause de la renommée de magnificence et de sainteté que les prodiges de végétation avaient dès cette époque... Les Arabes de toutes les sectes ont une vénération traditionnelle pour ces arbres; ils leur attribuent non seulement une force végétative qui les fait vivre éternellement, mais encore une âme qui leur fait donner des signes de sagesse, de prévision semblables à ceux de l'instinct des animaux, de l'intelligence chez l'homme. Ils connaissent d'avance les saisons, ils remuent leurs vastes rameaux comme des membres, ils étendent ou resserrent leurs coudes, ils élèvent vers le ciel ou inclinent vers la terre leurs branches. Ce sont des êtres divins sous la forme d'arbres. Ils croissent dans ce seul site des groupes du Liban : ils prennent racine bien au-dessus de la région où toute grande végétation expire.

Chaque siècle voit diminuer le nombre de ces rabres. En 1550, Bellon en comptait une trentaine. En 1600, on n'en comptait plus que 24 ; en 1650, 23 ; en 1700, 16 ; en 1800, 7. Ces sept arbres gigantesques sont peut-être aujourd'hui les seuls témoins des temps bibliques.

Le mont Liban sépare la Terre Sainte de la Syrie, dont il domine les montagnes les plus élevées. Il présente dans sa longueur la forme demi-circulaire d'un fer à cheval. Le circuit total ne présente pas moins de cent lieues. Au sud-est, la Palestine ; au nord, l'Arménie ; à l'est, l'Arabie ; à l'ouest, la mer de Syrie. De Tripoli à Damas les côtes du Liban ne sont pas fort éloignées de la mer ; elles s'y baignent même en certains points. La partie orientale porte chez les Grecs le nom d'Anti-Liban.

Les montagnes s'élèvent les unes sur les autres et présentent quatre zones distinctes. Les voyageurs rapportent que le sol de la première abonde en grains, et porte des arbres fruitiers. La seconde n'est qu'une ceinture de rochers nus et stériles. La troisième, malgré son élévation, offre l'aspect d'arbres toujours verts : la douceur de sa température, ses jardins, ses vergers chargés des plus beaux fruits de Syrie, les ruisseaux qui les arrosent, en font une sorte de paradis terrestre. La quatrième zone se voit dans les nues ; les neiges dont elle est couverte sont l'origine du nom *Liban* (blanc) que l'on a donné à ces montagnes. C'est sur un de ces sommets que se trouvent les cèdres dont parle l'Écriture.

La petite esquisse dessinée en tête de ce chapitre
ne vous rappelle-t-elle pas l'exorde de la *Chute d'un
ange?* Ne voit-on pas, malgré la pâleur de la reproduction, qu'il y a là une terre antique, témoin vénérable des âges disparus? Qui n'a relu la belle description dont le « chœur des cèdres du Liban » est
précédé, description qui semble descendre, tant
elle est en harmonie avec cette magnifique nature,
des âges disparus où fleurissaient ces végétaux gigantesques :

> Arbres, plantés de Dieu, sublime diadème
> Dont le roi des éclairs se couronne lui-même.
> Leur ombre nous couvrit de cette sainte horreur
> D'un temple où du Très-Haut habite la terreur.
> Nous comptâmes leurs troncs qui survivent au monde.
> Comme dans ces déserts dont les sables sont l'onde,
> On mesure de l'œil, en renversant le front,
> Des colonnes debout, dont on touche le tronc.
> De leur immensité le calcul nous écrase ;
> Nos pas se fatiguaient à contourner leur base,
> Et de nos bras tendus le vain enlacement
> N'embrassait pas un pli d'écorce seulement.
> Debout, l'homme est à peine à ces plantes divines
> Ce qu'est une fourmi sur leurs vastes racines.

Que de prières n'ont pas résonné sous ces rameaux !
dit le poète, et quel plus beau temple, quel autel plus
voisin du ciel ! quel dais plus majestueux et plus
riant que le dernier plateau du Liban, le tronc des
cèdres, et le dôme de ces rameaux sacrés qui ont
ombragé et ombragent encore tant de générations

humaines prononçant le nom de Dieu différemment, mais le reconnaissant partout dans ses œuvres, et l'adorant dans ses manifestations naturelles !

Les arbres s'élèvent de 60 à 100 pieds de hauteur. Le plus gros d'aujourd'hui mesure treize pieds de diamètre et couvre une circonférence d'environ cent vingt pieds. Les branches toujours vertes, même lorsqu'elles sont couvertes de neige, ce qui arrive une partie de l'année, sont plates, touffues et horizontales. De loin on croirait voir ces nuages chassés par le vent dans les régions du crépuscule.

Longtemps le cèdre fut classé parmi les mélèzes ; aujourd'hui on s'accorde à en former un genre distinct et particulier. Les fruits, gros comme ceux des pins, sont plus ronds, plus compacts et plus lisses.

Dans la relation de son voyage au Sahara oriental[1], M. Ch. Martins témoigne la même admiration pour ces arbres superbes. « Les plus belles forêts de cèdres, dit-il, ornent les crêtes et descendent dans les gorges du Chellalah, près de Batna ; on en voit également dans le Djurjura et autour de Teniet-el-Had, au sud de Miliana. Quel contraste entre ces magnifiques forêts et les plateaux stériles qui y conduisent ! Jeunes, les cèdres de l'Atlas ont une forme pyramidale ; mais quand ils s'élèvent au-dessus de leurs voisins ou du rocher qui les protège, un coup de vent, un coup de foudre, un insecte qui perce la pousse terminale les

---

[1] *Revue des Deux Mondes*, du 15 janvier 1864.

prive de leur flèche ; l'arbre est découronné : alors les branches s'étalent horizontalement et forment des plans de verdure superposés les uns aux autres, dérobant le ciel aux yeux du voyageur, qui s'avance dans l'obscurité sous ces voûtes impénétrables aux rayons du soleil. Du haut d'un sommet élevé de la montagne, le spectacle est encore plus grandiose. Ces surfaces horizontales ressemblent alors à des pelouses du vert le plus sombre ou d'une couleur glauque comme celle de l'eau, semées de cônes ovoïdes et violacés : l'œil plonge dans un abîme de verdure au fond duquel gronde un torrent invisible. Souvent un groupe isolé attire les regards ; on s'approche, et, au lieu de plusieurs arbres, on se trouve en face d'un seul tronc coupé jadis par les Romains ou les premiers conquérants arabes : le tronc a repoussé du pied, ces branches énormes sont sorties de la vieille souche ; chacune de ces branches est un arbre de haute futaie, et les vastes éventails de verdure étalés autour du tronc mutilé ombragent au loin la terre. Quelques-uns de ces cèdres sont *morts debout*, leur écorce est tombée, et, squelettes végétaux, ils étendent de tous côtés leurs bras blancs et décharnés. Les cèdres d'Afrique attendent encore leur peintre. Marilhat seul nous a fait admirer ceux du Liban ; mais ses successeurs, campés à Barbizon s'acharnent après l'écorce de deux ou trois chênes de la forêt de Fontainebleau, toujours les mêmes, que l'amateur salue comme de vieilles connaissances à chacune de nos expositions. Des artistes éminents dépensent une somme considérable de talent à reproduire les mêmes formes, tandis que les cèdres séculaires vivent et meurent ignorés dans les gorges de l'Atlas, où leur beauté n'est admirée que par les rares voyageurs qui s'aventurent dans ces montagnes. »

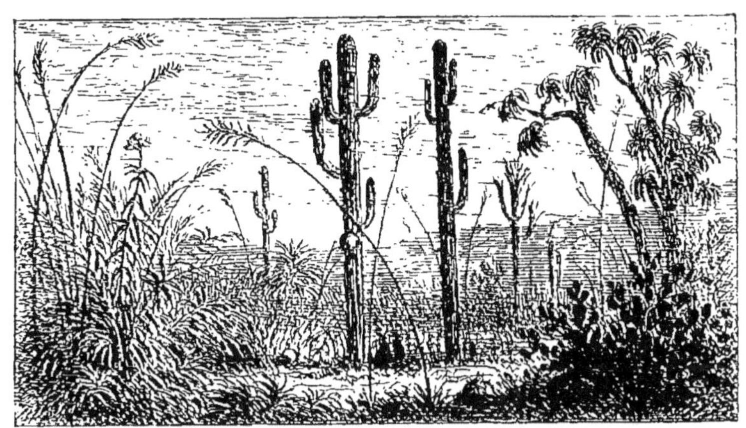

Les cactus. — Le cierge géant. (Voir page 121.)

CHAPITRE VII

LES PANDANÉES

La diversité merveilleuse des productions de la nature selon les climats est si grande, que les voyageurs eux-mêmes ne peuvent s'empêcher de jeter un cri d'étonnement lorsqu'ils passent d'une partie du monde à l'autre, parfois même d'une rive à l'autre d'un même continent. C'est notamment l'effet qui se présente aux explorateurs du Sénégal, lorsqu'ils viennent de côtoyer les plages désolées du Sahara. La végétation la plus riche succède brusquement à la plus complète aridité, et les grands hommes noirs de l'Afrique remplacent les Arabes à petite structure. Les arbres conservent éternellement leur fraîcheur, rajeunissant avant de vieillir; on les voit penchés vers les flots de la mer comme s'ils venaient boire leurs eaux tièdes et salées.

Le végétal singulier que nous représentons appartient à la famille des pandanées, dont le Sénégal est la patrie favorite, mais que l'on rencontre également en Polynésie, dans la Nouvelle-Zélande et dans 'la Guinée. M. de Folin, qui l'a dessiné sur nature, donne les détails suivants sur ce végétal, observé dans l'île du Prince, située à trente heures de la côte de Guinée et à un degré et demi de latitude.

Un cours d'eau descendu des sommets escarpés de l'île, brisant de roc en roc sa nappe argentée, entretient une humidité constante dans un étroit vallon où se reflète et se concentre la chaleur des rayons dardés tout le long du jour sur les flancs de deux montagnes très voisines. La tiède atmosphère due à cette double cause nourrit au fond de ces abîmes la plus vigoureuse végétation. Le pandanée s'élève à l'endroit où la gorge s'élargit et où, reposées un moment dans un bassin limpide, les eaux du torrent vont se rencontrer avec la lame que l'Océan roule au-devant d'elle. Le végétal peut avoir environ 55 centimètres de diamètre au quart de sa hauteur, qui, à l'île du Prince, atteint de 14 à 16 mètres. En descendant, la tige diminue de volume, et lorsqu'elle touche la surface de l'eau où elle s'enfonce,

Pandanus.

elle n'a plus que la grosseur d'une mince racine. Cette tige est annelée, et à partir du point de décroissance, chaque anneau donne naissance à plusieurs fibres qui s'échappent à angles aigus, décrivant parfois des courbes ogivales et plongeant dans le lit du ruisseau. Ce faisceau, qui rayonne à l'entour du centre, supporte l'arbre tout entier. Les fibres, qui se bifurquent elles-mêmes, ont jusqu'à 12 et 15 centimètres de circonférence et sont revêtues, comme la tige mère, d'une écorce blanchâtre, mais privées d'anneaux. Au-dessus de ces supports, l'arbre dressé comme un monstrueux reptile, se partage aux deux tiers de sa hauteur en cinq ou six rameaux qui poussent de petits rejets vers leurs extrémités. Chaque branche, d'abord resserrée, puis gonflée en cou de cygne, arrondie au bout, se couronne d'une gerbe de feuilles longues, charnues, aiguës, à bords tranchants, assez semblables à un trophée de dards.

Cet arbre étrange, avec ses frêles appuis, avec ses branches nues dont les gracieuses courbes s'inclinent vers l'horizon pour épanouir leur diadème de feuilles, est d'un effet aérien. Des massifs de jeunes rejetons et de plantes aquatiques sont dispersés autour des pandanées, et se reflètent sur les eaux dans lesquelles l'arbre se nourrit. Ajouter au charme du tableau la solitude qui l'entoure et le profond silence troublé seulement par les soupirs modulés des tritons et autres batraciens qui s'ébattent sur la rive, ou bien par le cri de l'aigrette perchée sur une roche à demi submergée, d'où elle guette l'instant de fondre sur sa proie.

Parmi les pandanées, on remarque une espèce chère aux insulaires de l'Océanie, qui tressent de belles nattes avec ses feuilles : c'est le pandanée odorant, dont les fleurs exhalent une odeur suave et forte à la fois qui parfume de vastes pièces. Un autre pandanée plus remarquable encore, si l'on en croit de Candolle, c'est celui dont la fleur s'ouvrant lancerait une sorte d'éclair accompagné de bruit.

On rencontre, à Madagascar, le pandanée mericatus, mais on chercherait en vain dans cette île les beaux arbres que l'on admire dans les forêts vierges de Sumatra, de Bornéo, ou même de l'Amérique. Cependant, les pandanées utiles envahissent le premier plan des arbres de la côte; ils sont d'un port étrange, gracieux et triste à la fois; le tronc, couvert d'une écorce lisse, se divise à une hauteur de deux mètres environ en trois branches égales. Chaque branche elle-même, trifurquée au sommet, lui compose une tête volumineuse d'où pendent, semblables à une chevelure éplorée, de grandes feuilles charnues brisées par le milieu. La hauteur de ces vacoas ne dépasse par trente pieds.

LES CACTUS. — LE CIERGE GÉANT (CEREUS GIGANTEUS)

En Amérique, du Mississipi aux côtes de l'océan Pacifique, dans l'État de Sonora, au sud de la Californie, le voyageur rencontre de pas en pas cette plante simple et singulière à la fois, que l'on a nommée cierge géant à cause de sa forme et de sa grandeur. Elle est la reine des cactus et domine, svelte, au milieu de ses sujets nains et difformes. Quelquefois sa hauteur atteint 20 mètres et sa grosseur devient considérable.

Dans ce pays, dit le voyageur Molhausen, les animaux et les végétaux sont bien supérieurs à l'homme ; les hideux sauvages que nous rencontrâmes habitaient près d'un défilé auquel les voyageurs donnèrent le nom de Cactus Pass, à cause des plantes de ce genre qui s'y trouvent en foule. Parmi ces arbres se distingue surtout le *Cireus giganteus*. Ce roi des cactus est connu en Californie et dans le Nouveau-Mexique sous le nom de petahoya. Les missionnaires qui visitèrent, il y a plus d'un siècle, le Colorado et le Gila, parlent des fruits du petahoya, dont se nourrissent les indigènes, et s'extasient, comme l'ont fait plus tard les chasseurs de pelleteries, sur cette plante merveilleuse qui a des branches et pas de feuilles. La limite septentrionale de cette espèce de cactus s'étend au midi par delà les rives du Gila. Les déserts les plus sauvages et les plus incultes paraissent être la patrie de cette plante, qui trouve moyen de pousser des racines entre les pierres et les rochers, là où l'on n'aperçoit qu'un atome de terre, et qui parvient pourtant à une hauteur surprenante.

La forme de ces cactus varie suivant leur âge. Généralement, les cactus jeunes, de la hauteur de $0^m,64$ à 2 mètres, ont la forme d'une massue dont la pointe est tournée en bas et dont l'extrémité supérieure a une circonférence double. Mais à mesure que les plantes acquièrent une plus grande élévation, leurs diamètres tendent à s'égaliser, et vers 8 mètres, elles ne présentent que la forme d'une colonne régulière où des rameaux commencent à se montrer. Des branches sphériques sortent du tronc, mais en vertu de la tendance naturelle de tous les végétaux, elles se recourbent bientôt en couche, se prolongent vers le ciel et s'élèvent alors à quelque distance du tronc et parallèlement à lui, jusqu'à la hauteur de la tige. A cet état de maturité, le cactus à plusieurs rameaux ressemble à un candélabre gigantesque, d'autant mieux que ses branches sont symétriques. Le diamètre du tronc principal atteint quelquefois 80 centimètres; mais le plus ordinairement il n'en mesure que 48.

En voyant ces hautes tiges isolées et découvertes se dresser à la pointe extrême d'un roc, on ne conçoit pas qu'elles puissent résister à l'ouragan : elles doivent leur solidité à un système de côtes circulaires placées à l'intérieur de l'enveloppe charnue du haut en bas de la plante, ayant de 0^m026 à $0^m,039$ de diamètre, et aussi dure que le bois du cactus. Le tronc et la branche sont garnis dans toute leur longueur de cannelures régulières, placées à égale distance, ce qui lui donne une remarquable analogie avec des colonnes corinthiennes sans chapiteaux; l'écorce offre en même temps une vague ressemblance avec un orgue d'église, parce que les fibres intermédiaires ont une direction perpendiculaire aux cannelures. Sur la crête du *cereus*, on remarque des pointes grises, épines symétriquement espacées, entre lesquelles brille la teinte vert clair de la plante. En mai et en juin, époque de la floraison, l'extrémité des branches et de la tige principale se couronne de grosses fleurs blanches, que les mois de juillet et d'août remplacent par des fruits savoureux. Ce fruit est un des mets favoris des Indiens; ils s'en font une sorte de sirop. Sur l'arbre, ces fruits sont serrés les uns contre les autres, ovales et piriformes : ils sont verts, sauf à la partie supérieure, qui est rouge. La chair, de couleur cramoisie, ressemble à celle de la figue fraîche, mais elle est loin d'offrir sa succulence. Ces cactus atteignent, comme nous l'avons dit, une hauteur de 60 pieds. Quand la plante meurt, la chair tombe pièce à pièce des fibres du bois, et l'on voit sur le rocher se tenir encore pendant plusieurs années un squelette gigantesque et dénudé.

C'est au nouveau monde, dit M. de Humboldt, qu'appartient exclusivement la forme des cactus, tantôt articulés, tantôt sphériques, et quelquefois se dressant comme des tuyaux d'orgue en colonnes cannelées. Ce groupe forme le contraste le plus frappant avec celui des liliacées et des bananiers. Il appartient aux plantes que Bernardin de Saint-Pierre nomme si heureusement les sources végétales du désert. Dans les plaines arides de l'Amérique méridionale, les animaux tourmentés par la soif cherchent à déterrer sous le sable, où ils sont à moitié enfouis, des melocactus dont la moelle aqueuse est défendue par de redoutables épines. Les cactus qui affectent la forme de colonnes, atteignent jusqu'à 9 à 10 mètres de haut. Divisés comme des candélabres et souvent recouverts de lichens, ils offrent une physionomie analogue à celle de quelques euphorbes d'Afrique. Ces plantes forment de vastes oasis au milieu des déserts dépourvus de végétation.

ASCLEPIAS GIGANTEA

L'Afrique orientale offre dans l'aspect de ses bois des formes non moins étranges que les noms dont on les décore. Au sud du détroit de Bab-el-Mandeb (le passage des Larmes), près du Gubet-el-Khérah (bassin du Mensonge), petite baie de la partie du golfe d'Arabie que l'on appelle Bahr-el-Bonatein (mer des Deux-Sœurs), on trouve la petite ville de Tanjourra. C'est dans cette localité que l'on rencontre particulièrement l'*asclepias gigantea*, l'acacia épineux, auxquels s'enlacent et se suspendent des lianes exubérantes. Les bois où croissent ces beaux arbres entrecoupent d'oasis ombreuses les grandes plaines

Asclepias gigantea.

et les montagnes qui s'élèvent en demi-cercle en face
de la mer. La petite antilope, des oiseaux pêcheurs,
des poules d'eau, animent ces ombrages, et l'aspect agréable et calme de ces sites ne laisserait
dans l'âme aucune impression défavorable si Tanjourra n'était le centre d'un abominable commerce
d'esclaves.

LE CHÊNE-LIÈGE

Terminons ce chapitre par un végétal utile, plus
connu par ses produits que par lui-même; la description de son enveloppe corticale fera occasionnel-
lement connaître la structure générale de tous les
arbres, et ce sera bien finir une causerie que
d'offrir en dernier lieu les caractères les plus pra-
tiques.

La section d'un arbre adulte présente trois parties
fondamentales concentriques : 1° le canal médulaire
où se trouve la moelle ; 2° une couche complexe de
nature ligneuse, le bois ; 3° une enveloppe extérieure,
l'écorce. Dans l'écorce on remarque encore trois substances différentes juxtaposées ; ce sont : le liber,
minces feuillets ; le parenchyme, ensemble de cel-
lules où circule la sève ; l'épiderme, pellicule enve-
loppant le tout. C'est la structure générale de tous
les arbres. Dans l'arbre qui porte le liège, le paren-

chyme est la partie qui fournit cette substance.

Ce n'est qu'à partir de l'âge de quinze ans qu'un chêne de cette espèce possède un parenchyme assez consistant pour servir à la fabrication. A partir de cette époque jusqu'à la dernière vieillesse de l'arbre, on peut le dépouiller entièrement de son écorce, à des intervalles de huit ou dix ans, et chaque écorçage peut produire de 40 à 50 kilogrammes de liège. En Catalogne, patrie de ces chênes, on récolte annuellement de quoi fabriquer cinq cents millions de bouchons, divisés par ballots de trente mille.

Voici comment s'opère l'extraction : on pratique dans l'écorce deux incisions longitudinales parallèles, puis deux perpendiculaires, ce qui découpe un carré sur l'arbre ; l'incision ne doit pas attaquer le liber. Par une des fentes horizontales on passe avec précaution la lame d'un instrument tranchant au-dessous du parenchyme, et l'on soulève doucement la plaque carrée, dans toute sa longueur. D'autres incisions lèvent nécessairement d'autres plaques, et l'on peut arriver de la sorte au dépouillement complet de l'arbre porte-liège. Un liquide semblable à de la cire ramollie coule entre le liber et le parenchyme, et facilite l'opération. Après son dépouillement, le chêne s'enveloppe bientôt d'une matière visqueuse qui s'échappe par les pores du liber et qui, se répandant à la surface, se durcit, s'organise et renouvelle l'écorce. Mais il lui faut près d'une dizaine d'années pour être propre à une nouvelle extraction.

Cet arbre appartient surtout aux pays chauds : L'Algérie en possède des forêts entières en exploitation.

Sauvage lançant des flèches empoisonnées. (Voy. p. 146.)

CHAPITRE VIII

SUCS LAITEUX

LAIT VÉGÉTAL. — CAOUTCHOUC. — ARBRES A POISON

Les arbres à lait, dont les premières pages de ce livre ont offert la description, ne sont pas les seuls qui soient remarquables au point de vue de l'abondance du suc laiteux; d'autres, dont les services sont d'une autre nature ou même, il faut le dire, dont l'action est pernicieuse et perfide, méritent d'être classés parmi les végétaux dignes de notre intérêt. Les familles végétales qui renferment le plus grand nombre d'espèces au suc abondant sont les euphorbiacées, les apocynées et les urticées ; elles se distinguent les unes des autres par une structure anatomique différente. On trouve dans leur écorce, et quelquefois dans la moelle de leurs tiges, un grand nombre de tubes allongés, anastomosés et plus ou moins flexibles, dont la ressemblance avec les veines des animaux a trompé plus d'un théoricien et autorisé en apparence l'assimilation du liquide végétal au sang animal. Cependant, il semble que le terme de *suc vital* approprié à ce liquide est impropre et que celui de *suc laiteux* est le plus directement justifié.

Certains arbres au suc laiteux abondant ont été surnommés les serpents du règne végétal ; le caractère le plus frappant de cette ressemblance réside dans l'organe à l'aide duquel les uns et les autres émettent le poison. On sait que, chez les serpents, le poison réside dans deux dents longues de la mâchoire supérieure traversées dans leur longueur par un étroit canal. A la racine de ces dents se trouve la glande qui sécrète le venin, laquelle, semblable à une éponge, est comprimée par la pression de la dent. Au moment où l'animal mord et jette sa liqueur dans le canal médullaire de la dent, un orifice la verse en même temps dans la blessure. Chez les végétaux vénéneux, on remarque une disposition analogue dans les poils des feuilles ; on peut facilement s'en rendre compte par l'examen des feuilles des orties. Le poison de nos orties, comme celui de nos serpents indigènes, n'est pas dangereux ; mais il le devient d'autant plus que l'on s'approche davantage de l'équateur ; l'ardeur du soleil tropical augmente la puissance funeste de l'un et de l'autre.

Les trois grandes familles de végétaux qui se font remarquer par l'abondance et la valeur du suc laiteux se ressemblent par l'analogie de ce suc ; il ne sera pas sans intérêt de mentionner les espèces les plus remarquables. Parlons d'abord d'un produit végétal qui a pris la plus grande extension de nos jours, du caoutchouc.

Cette gomme peut être extraite d'un grand nombre d'arbres ; ceux qui la produisent en plus grande abondance sont l'*Hevea guyanensis*, le *Siphonia ca huchu* et le *Jatropha elastica*. Aux Antilles, on l'extrait de l'euphorbe pourprée, de l'urcéale élastique, dont le produit est, aux yeux de plusieurs, supérieur à celui de l'hevea. Malgré ce grand nombre de végétaux, on serait autorisé à craindre que l'immense exploitation qui se fait de ce produit ne transforme les forêts qui les contiennent en forêts d'arbres secs comme il est arrivé dans la Caroline du Nord, où les mélèzes et les pins d'où l'on a extrait la térébenthine couvrent 2 millions d'acres de bois morts, d'arbres dénudés, semblables à une forêt de mâts de vaisseaux.

L'extension qui, d'année en année, se manifeste dans la plupart des genres d'industrie, est très remarquable dans l'exploitation du caoutchouc. Les

Ficus elastica (caoutchouc)

Anglais surtout en font un usage considérable. En 1820, 52,000 livres avaient été introduites en Grande-Bretagne ; en 1829, près de 100,000 livres ; en 1833, 178,676 livres ont été déclarées à la douane ; aujourd'hui c'est par 100,000 kilogrammes que l'on compte.

L'extension s'est manifestée surtout depuis l'invention du caoutchouc *vulcanisé*. La vulcanisation est, comme on sait, une opération chimique par laquelle on enlève au caoutchouc toute sa souplesse, toute son élasticité, pour en faire une matière inoxydable ayant les qualités du bois, de l'écaille, de l'ivoire, de la baleine, capable de résister à une chaleur de 150° comme au froid le plus vif, à l'humidité comme au contact des acides. On obtient cet état en lui incorporant du soufre soit directement, soit au moyen du sulfure de carbone ; il suffit de combiner cinq parties de soufre avec sept parties de carbonate de plomb, et de soumettre ce composé à une chaleur de 132°. Il n'est personne qui ne sache par expérience quelle quantité et quelle diversité d'objets on fabrique avec le caoutchouc vulcanisé, si léger et si dur à la fois depuis les articles de bijouterie et marqueterie, jusqu'aux instruments de précision de la physique et aux objets usuels de l'industrie.

C'est en 1736 que la Condamine appela le premier l'attention sur ce produit végétal et sur la manière dont on l'extrait du *Siphonia elastica* ; un peu plus tard, Fremeau découvrit à Cayenne l'*Hevea guyanensis*, et donna de nouveaux détails sur la préparation de son produit. Avec un instrument tranchant, on pratique des incisions longitudinales ou obliques, qui pénètrent jusque sous l'écorce et qui sont disposées les unes sous les autres. On fixe au-dessous, avec de la terre glaise, une feuille assez large pour recevoir tout le suc qui découle des incisions, et le transmettre à un vase de calebasse placé au pied de l'arbre. Le suc est fluide et ordinairement blanc au moment de l'extraction : la couleur brune que nous lui connaissons provient des matières étrangères qui y sont mêlées et que noircit encore la fumée de feux d'herbes allumés sous les arbres pour activer la solidification ; il offre l'aspect d'un lait épaissi par une longue ébullition ; le caoutchouc se trouve en suspension dans l'albumine, comme la crème dans le lait ; pour l'en dépouiller on l'étend de trois ou quatre fois son volume d'eau, et comme il se rassemble à la surface, le lendemain on vide le vase par un robinet inférieur. Ce produit arrive quelquefois sur le continent coulé en grosse poires et plus généralement étendu en grandes feuilles pesant jusqu'à 100 kilogrammes.

Tous les pays qui comptent le caoutchouc parmi leurs productions sont situés sous la zone torride : ce sont principalement l'Amérique méridionale, les Indes orientales, certaines parties de l'Afrique même. A ce sujet, A. de Humboldt fait observer que

le nombre de plantes lactifères augmente à mesure
qu'on avance vers l'équateur. La chaleur des tropiques paraît exercer une grande influence sur la
formation du caoutchouc, car on a fait la remarque
que les végétaux qui le produisent sous les tropiques
ne contiennent, élevés chez nous dans nos terres,
qu'une substance qui ressemble à la glu du gui.

EUPHORBIACÉES. — MANIOC. — MANCENILLIER

Le végétal dont nous venons de parler appartient à la famille des euphorbiacées; d'autres plantes appartenant à ce groupe, renferment également
le caoutchouc, comme certaines espèces de la famille
des apocynées, telles que l'*Urceola elastica* de Sumatra, le *Veheagummifera* de Madagascar, le *Collo-
phora utilis* et l'*Haucornia speciosa* du Brésil, le
Willughbeja edulis des Indes orientales; mais aucune n'en renferme une quantité aussi considérable.

Les plantes dont nous allons parler se distinguent
par d'autres points. Le suc de la *Siphonia elastica*
ne possède aucune propriété nuisible; celui du Ta-
bayla dolce (*Euphorbia balsamifera*) ressemble au
lait frais. Léopold de Buch raconte que les naturels
en font une gelée qu'ils mangent avec délices; mais
toutes ne sont pas aussi innocentes, quelques-
unes contiennent un poison virulent, et, caractère
étrange, que nous remarquons plus loin encore,

ces plantes offrent en même temps un poison délétère et une nourriture très saine.

La culture du manioc représente dans l'Amérique centrale celle des céréales en Europe. On fait néanmoins une grande différence entre la juca douce et la juca amère ; la première peut être mangée sans inconvénient, la seconde renferme un poison mortel. Suivons un instant, avec Schleiden, l'auteur de *la Plante et sa vie,* les naturels du pays dans leur camp.

Au milieu d'une forêt épaisse de la Guyane, le chef de la tribu, après avoir étendu son hamac entre deux grands magnolias, se repose à l'ombre des larges feuilles des bananiers ; il fume paresseusement et regarde le mouvement que se donne sa famille. Sur ces entrefaites, sa femme écrase le manioc dans le creux d'un arbre à l'aide d'un pilon de bois, enveloppe la pulpe dans un tissu serré, fait de fibres de feuilles, auquel elle attache une grosse pierre ; le tout est suspendu à un bâton reposant sur deux fourches plantées en terre. Le poids de la pierre fait l'effet d'une presse et exprime tout le jus contenu dans le manioc. A mesure qu'il s'écoule, on le reçoit dans une calebasse, et un garçon accroupi à côté y trempe les flèches du père, pendant que sa mère arrange le feu destiné à sécher le marc et à le priver de son poison volatil. Le résidu est ensuite pulvérisé entre deux pierres, et la farine de cassave est toute préparée.

Pendant ce temps, l'enfant achève sa dangereuse besogne; le jus a déposé une tendre fécule qu'on sépare du liquide et qui, après avoir été lavée dans de l'eau fraîche, constitue le tapioca. C'est de cette façon qu'on prépare partout cette substance nutritive.

Le sauvage, après avoir assouvi sa faim, cherche une nouvelle place pour y faire sa sieste, mais malheur à lui si, par inadvertance, il se couche sous le redoutable mancenillier! une pluie soudaine tombe de ses feuilles, et éveille le malheureux sous les douleurs atroces qu'elle lui cause; son corps se couvre presque aussitôt d'ampoules, d'ulcères, et s'il conserve la vie, il gardera du moins un souvenir éternel des propriétés vénéneuses des euphorbiacées.

Le mancenillier passe chez nous pour un arbre funeste, à l'ombre duquel il est imprudent de se reposer, où, selon l'expression d'un poète, « le plaisir habite avec la mort; » et l'on craint de s'asseoir à son ombre. Cette fâcheuse renommée doit provenir de la sève de cet arbre, qui est vénéneuse, et de son fruit qui, pris à forte dose, peut causer un empoisonnement. La réputation du mancenillier chez nous a son pendant en Amérique dans l'euphorbe arborescent. Comme le premier, cet arbre offre un aspect magnifique, plus singulier encore. Sa lourde silhouette tranche nettement sur tout ce qui l'environne; sa masse impénétrable aux rayons du soleil n'offre aux regards qui le sonde qu'une sombre profondeur. Par leur position élevée, autant que par l'ombre fraîche qu'entretiennent leurs rameaux d'un vert sombre, ils forment des belvédères naturels où les nègres aimeraient à se retirer sans la crainte qui s'attache à ces végétaux ; mais ils ont un moyen naïf d'éviter l'influence de cette ombre, c'est d'établir une toiture horizontale en chaume sous les branches inférieures de ces arbres.

M. Trémaux raconte comme il suit son excursion au Soudan oriental, où il eut l'occasion d'observer les euphorbes arborescents.

« En dessinant la vue de Kaçane, j'invitai un des nègres qui étaient autour de moi à aller s'asseoir près du pied du grand euphorbe que présente cette planche. Il hésita d'abord, puis enfin il se décida à s'y rendre, non sans lever les yeux à plusieurs reprises vers les branches de cet arbre. Lorsque j'eus fini, je me mis à gravir sur les roches pour en rompre un rameau, que j'ai rapporté en France ; mais le nègre en me voyant approcher, s'enfuit avec terreur hors de son ombrage en faisant des signes, en gesticulant et en prononçant avec volubilité divers mots d'un idiome que je ne pouvais comprendre. Cependant l'expression de ses signes et quelques mots arabes que l'un d'eux prononça (*Intè ahouze mâat !* Tu veux donc mourir !) me firent comprendre qu'en touchant à cet arbre, j'allais me faire mourir ; mais l'impulsion était donnée, le rameau venait de se rompre, et immédiatement un suc laiteux,

beaucoup plus abondant que je n'eusse pu m'y
attendre, d'après ce que je connaissais de ces plantes
dans nos contrées, ruissela sur mes vêtements et pé-
nétra même sur mon corps. Les figures et les gestes
de ces nègres exprimèrent à divers degrés la crainte
ou la pitié. Ils me firent comprendre que si le suc
blanc atteignait une des nombreuses blessures que
j'avais sur le corps, j'en mourrais, et que même
sur la peau, il était dangereux.

« C'est avec ce suc qu'ils empoisonnent leurs
armes, afin de rendre leurs blessures mortelles ; ils
le font préalablement concentrer jusqu'à ce qu'il ait
acquis une consistance un peu pâteuse ; ensuite ils
trempent dans cette matière la pointe ou la lame de
l'arme qu'ils veulent empoisonner. »

Il n'est pas rare de voir des euphorbes dont la ra-
mification mesure plus de 8 mètres de diamètre, ce
qui donne plus de 24 mètres à sa circonférence. A
cette taille, la plus grande hauteur au-dessus du
sol est aussi d'à peu près 8 mètres ; son tronc, ainsi
que les branches qui s'y rattachent, sont formés de
bois dur. Les branches secondaires ou rameaux sont
formées de moelle et de parenchyme soutenus par
une faible partie ligneuse.

Ces rameaux forment des côtes ou arêtes ondulées, ordinairement au nombre de quatre ; cependant quelques-uns n'en ont que trois, d'autres en
ont cinq. Sur les branches entièrement ligneuses
attenant au tronc, on reconnaît encore les anciennes

côtes qui se sont transformées en écorce, tandis que la branche a passé de la forme primitive à la forme cylindrique.

L'*Euphorbia mamillaris* croît aussi sur les montagnes du Dar-feg, à peu près dans les mêmes conditions que l'*Euphorbia canariensis*, que nous venons de décrire, avec lequel elle a beaucoup d'analogie; néanmoins son port est très différent et ne paraît point atteindre d'aussi grandes proportions; ses branches et ses rameaux sont cylindriques. Ces derniers sont entourés de petites mamelles portant des épines. Généralement, dans le sens longitudinal du rameau, ces mamelles se présentent suivant une ligne oblique, et, dans le sens du pourtour, suivant deux systèmes de spirales. Sur chaque tour de ces spirales, on compte huit intervalles de mamelles pour arriver sur la même ligne longitudinale de laquelle on est parti, et en tournant sur les spirales qui se présentent dans un sens, on arrive à trois intervalles au-dessus et au-dessous du point de départ; tandis qu'en tournant sur celles qui se présentent dans l'autre sens, on arrive à cinq intervalles au-dessus et au-dessous de ce même point.

Il pousse chaque année, à l'extrémité même des rameaux, un petit jet de fleurs jaunes et de feuilles qui se développent en faisceaux; à mesure que le rameau s'allonge, les petites feuilles de quelques centimètres de long qui accompagnent chaque mamelle épineuse tombent, et celles-ci restent seules.

LES VÉGÉTAUX PERFIDES (SUITE)

Euphorbes. — Apocynées. — Curare.

Le caractère étrange que nous signalions tout à l'heure à propos des plantes perfides, qui sont à la fois un aliment sain et un poison terrible, est applicable d'une manière plus frappante encore à celles dont nous allons nous occuper. Le suc laiteux de quelques genres est riche en caoutchouc, ou se transforme dans d'autres en un lait doux, sain et d'une saveur agréable, ou se présente sous la forme des poisons les plus mortels. Nous avons parlé des arbres à lait, de ceux qui produisent en abondance le caoutchouc, des euphorbes arborescents; plusieurs de la même famille possèdent des sucs dont l'action est des plus dangereuses. Les sauvages de l'Amérique méridionale empoisonnent leurs flèches avec le lait euphordia, les Éthiopiens agissent de même; au Cap, on se sert, comme d'un moyen infaillible pour tuer les hyènes, de morceaux de viande saupoudrée dans la poussière des fruits de l'*Hyananche globosa*. Une espèce d'euphorbia, décrite par Martins, offre une particularité remarquable, que son lait, quand il s'écoule pendant les nuits sombres et tièdes de l'été, répand une lumière phosphorescente.

Le woorarei, ourari, urali, etc., n'est autre chose

que le *curare*. Dans le temps passé, on croyait cette substance formée d'un suc végétal mêlé à du sang de vipère, du venin de crotale, de la bave de serpent, et autres substances aussi vénéneuses. Ces faits ont été démontrés faux par A. de Humbolt, Boussingault et d'autres voyageurs, qui ont eu l'occasion de l'étudier dans les végétaux qui le produisent, dans le mode d'extraction qu'en font les Indiens et dans les mains de ceux qui s'en servent d'une façon si cruelle. C'est une substance purement végétale, produite par une liane appartenant au genre Strychnos, que nous décrivons ci-après liane de mavacure, abondante à l'est de la mission de l'Esmaralda, sur la rive gauche de l'Orénoque, et que l'on recueille aussi sur le versant oriental des Cordillères, dans les forêts que traversent les grands fleuves de l'Amérique équatoriale.

Pour l'obtenir, on commence, dit Humboldt, à faire une infusion à froid en versant de l'eau sur la matière filandreuse qui est l'écorce broyée de mavacure. Une eau jaunâtre filtre pendant plusieurs heures goutte à goutte, à travers l'entonnoir de feuillage. Cette eau filtrée est la liqueur venimeuse, mais elle n'acquiert de la force que lorsqu'elle est concentrée par l'évaporation, à la manière des mélasses, dans un grand vase d'argile. L'Indien qui remplissait là l'office de maître du poison nous engageait de temps en temps à goûter le liquide ; on juge, d'après le goût plus ou moins amer, si la concentration par le feu est poussée assez loin. Il n'y a aucun danger à en boire, le curare n'étant délétère que lorsqu'il entre immédiatement en contact avec le sang.

D'autres voyageurs, Schomburgk, Pœppig, ont laissé d'intéressantes descriptions de cette préparation et des foudroyantes propriétés de ce poison, dont la puissance a pu autoriser les naturels à préférer leurs armes silencieuses au fusil bruyant des Européens. Le sauvage s'arme d'un long tube bien régulier : ses flèches, taillées d'un bois dur, longues d'un pied, ont la pointe trempée dans le curare, tandis que le bout opposé est enveloppé d'une quantité de coton suffisante pour occuper exactement l'entrée du tube. Muni de cette arme terrible, il cherche à surprendre son ennemi qui se régale tranquillement du cerf qu'il vient de tuer. Pas le moindre bruit ne trahit ses mouvements furtifs; son pied semble glisser sur le sol. Mais voilà qu'il s'arrête, il souffle avec force dans sa sarbacane meurtrière, le trait vole et va atteindre à plus de trente pas de distance la malheureuse victime sans défense, qui, à la plus légère blessure, tombe dans des convulsions atroces et rend l'âme immédiatement.

Schleiden[1] rapporte qu'une foule de plantes de la même famille possède des poisons analogues ; ce sont leurs graines surtout qui les distinguent des

___

[1] *La Plante*, leçon X.

plantes précédentes par leurs propriétés toxicologiques, car on y trouve deux des poisons les plus violents, la strychnine et la brucine. La fève de Saint-Ignace (*Ignatia amara*) et les noix vomiques (*Strychnos nux vomica*) se trouvent partout sous les tropiques. Il rapporte à ce propos une coutume singulière (qui rappelle les jugements de Dieu, du moyen âge, en Europe) qu'ont les Malgaches de faire dépendre la culpabilité ou l'innocence d'un individu de la force de l'estomac. L'homme accusé d'un crime est obligé, en présence du peuple et des prêtres, d'avaler une noix de thangiu; si son estomac est assez fort pour pouvoir vomir le terrible poison, l'accusé est acquitté; sinon il est considéré comme coupable et ne tarde pas à subir son châtiment, car le malheureux meurt presque immédiatement.

Ce genre de jugement est à peu près aussi absurde, aussi injuste et aussi ridicule que le moyen encore en usage de nos jours pour consacrer le droit des nations. On devine que nous voulons parler de *la guerre*, cette raison du plus fort qui juge les différends des peuples, comme si les canons rayés avaient quelque chose de commun avec les principes de la justice morale!

ARBRES A POISON DE JAVA

Strychnos Ticuté (Upas).

Un certain nombre d'arbres produisent le poison :
tels sont le curare, qui croît sur les bords de l'Orénoque ; le woorava, qui borde la rivière des Ama-

Le Duho-Upas.

zones ; mais le plus terrible est celui que nous venons de choisir, le duho-upas, qui croît dans plusieurs contrées de l'Inde, à Java, Bornéo, Sumatra
et aux Célèbes.

Rumph, qui en a donné la description, le nomme
arbor toxicaria. Cet arbre a le tronc gros, les branches étendues ; son écorce est brune et raboteuse ;

son bois dur, d'un jaune pâle, et marqué de taches noires. Des diverses espèces de strychnos (d'où l'on tire la strychnine), celle-ci est, avec la noix vomique, celle dont le poison est le plus violent. On a raconté sur ce végétal bien des faits merveilleux et des fables extraordinaires dont nous nous garderons bien de nous faire l'écho ; les observations réelles faites sur cet arbre sont du reste assez curieuses. Voici, sous réserve encore, ce qu'en dit Thunberg, le botaniste d'Upsal.

L'upas se reconnaît à une grande distance : il est toujours vert. La terre est, autour de lui, stérile et comme brûlée. Le suc est d'un brun foncé. Il se liquéfie par la chaleur comme les autres résines. On le recueille avec beaucoup de précautions. On s'enveloppe la tête, les mains et tout le corps, pour se mettre à l'abri des émanations de l'arbre, et surtout des gouttes de suc qui en tombent. On évite même d'en approcher de trop près ; pour cela, on a des bambous, terminés par une pointe d'acier, creusés en gouttière ; on enfonce une vingtaine de bambous dans le tronc de l'arbre ; le suc coule le long de la rainure de l'acier, dans le creux des bambous, jusqu'au premier nœud. On les y laisse trois ou quatre jours, pour que le suc puisse les remplir et se figer : on va les arracher ensuite. On sépare la partie des bambous qui contient le poison, et on l'enveloppe avec grand soin. Ce poison perd de sa force quand il est gardé un an.

Les émanations de l'arbre produisent des spasmes et de l'engourdissement. Si l'on passe au-dessous la tête nue, on perd ses cheveux. Une goutte de suc qui tombe sur la peau produit une violente inflammation. Les oiseaux volent difficilement au-dessus, et si quelqu'un se pose sur les branches, il tombe mort. Le sol est absolument stérile alentour à la distance d'un jet de pierre. Les personnes blessées avec un dard empoisonné éprouvent à l'instant une chaleur ardente suivie de convulsions, et meurent en moins d'un quart d'heure. Après la mort la peau se couvre de taches, le visage est livide et enflé, et le blanc des yeux devient jaune.

Foerset rapporte des expériences faites avec la résine de l'upas. « Étant à Soura-Charta, dit-il, j'assistai à l'exécution de treize femmes. On les conduisit à onze heures du matin sur la place vis-à-vis le palais. Le juge fit passer au-dessus de leur tête la sentence qui les condamnait; on leur présenta ensuite l'Alcoran pour leur faire jurer que cette sentence était juste, ce qu'elles firent en mettant une main sur le livre et l'autre sur la poitrine et levant les yeux au ciel. Ensuite le bourreau procéda à l'exécution de la manière suivante :

« On avait dressé treize poteaux : on y attacha les coupables. Elles restèrent dans cette situation, mêlant leurs prières à celles des assistants, jusqu'à ce que le juge, ayant donné le signal, le bourreau les piqua au sein avec une lancette trempée dans la résine de l'upas. A l'instant elles éprouvèrent un tremblement suivi de convulsions, et six minutes après aucune d'elle n'existait. Je vis sur leur peau des taches livides; leur visage était enflé, leur teint bleuâtre, leurs yeux jaunes.

« J'eus occasion de voir une autre exécution à Samarang. On y fit mourir sept Malais de la même manière, et j'observai les mêmes effets. »

Le descripteur hollandais donne d'autres relations que nous tiendrons pour fabuleuses. Mais comme il s'agit dans ce qui précède de faits vérifiés par d'autres voyageurs et expliqués par la violence de ce poison — qui tue par l'inoculation d'une seule piqûre au doigt — nous avons avec le traducteur de Darwin[1] admis les observations relatives à l'arbre de Java.

Les forêts de Java offrent peu d'attraits aux voyageurs européens, du moins un sentiment de crainte se mêle-t-il ordinairement à celui de la curiosité. De toutes parts, dit Schleiden, des palmiers hérissés d'épines et d'aiguillons, des roseaux aux feuilles tranchantes, coupant comme des couteaux, repoussent de leurs armes dangereuses celui qui veut y pénétrer. Partout dans ce fourré épais se dressent d'un air menaçant de terribles orties; de grandes fourmis noires tourmentent le voyageur de leurs

---

[1] Médecin et poète anglais du siècle dernier (1731-1802), auteur des *Amours des Plantes* et de plusieurs ouvrages de botanique (*Magasin pittoresque*, t. I, 1833.)

morsures dangereuses, et des essaims d'innombrables insectes le poursuivent et le persécutent. Après
avoir vaincu ou écarté tous ces obstacles, il arrive
devant les massifs de bambous, élevant leurs tiges,
grosses comme le bras, à 50 pieds de hauteur, et
présentant une écorce dure et vitreuse qui résiste
aux coups de haches les plus formidables. Enfin,
quand ce nouvel obstacle est écarté, il atteint l'entrée des dômes majestueux de la forêt vierge pro-
prement dite. Des troncs gigantesques de l'arbre à
pain, du bois de teck dur comme du fer, des légumineuses aux touffes brillantes de fleurs, des barringtonia, des figuiers et des lauriers en forment les
colonnades qui supportent la voûte verdoyante et
rare. De branche en branche il voit sautiller les singes, qui ne font que l'agacer et lui jeter des fruits.
A mesure qu'il s'avance, il voit l'orang-outang, à la
mine sévère et mélancolique, s'élancer d'un rocher
couvert de mousse, et, soutenu sur son bâton, s'en-
foncer dans le fourré. Partout on rencontre des animaux; ce qui rend ces forêts bien différentes de la
solitude désolante de plusieurs de celles de l'Amérique centrale. On y voit des plantes grimpantes
élever en spirales leurs tiges miliaires, et entrelacer
à une hauteur de 100 pieds les arbres les plus gigantesques, au point qu'elles semblent vouloir les
étouffer. De grandes feuilles vertes et luisantes al-
ternent avec des vrilles qui s'y cramponnent et des
ombelles odorantes amplement fournies de fleurs

blanches à teintes verdâtres. Cette plante, de la famille des apocynées, est le tjettet des indigènes
(*Strychnos tieuté*), dont les racines fournissent le terrible upas radja ou poison des princes. A la moindre blessure faite au tigre avec une arme trempée
dans ce poison, ou avec une petite flèche de bois
dur envoyée par le souffle d'une sarbacane, l'animal
tremble, reste immobile pendant une minute, tombe
ensuite foudroyé et expire dans de rapides convulsions. La partie de cet arbre qui se développe au-
dessus de la terre est inoffensive. En continuant sa
marche, le voyageur ne tarde pas à rencontrer un
arbre dont la tige élancée dépasse tous les autres
qui l'environnent. Le tronc, parfaitement cylindrique et glabre, monte à 60 ou 80 pieds et porte
une superbe couronne hémisphérique qui domine
fièrement les plantes étalées humblement autour de
lui. Malheur au voyageur si sa peau vient à toucher
le suc laiteux que contient en abondance son écorce
trop prompte à s'ouvrir! des ampoules, des ulcères
douloureux et plus redoutables que ceux produits
par le sumac vénéneux, se déclarent presque aussitôt. C'est l'autjar des Javanais, le pohan upas des
Malais (l'arbre du poison), l'ypo des habitants des
Célèbes et des îles Philippines. Il produit l'upas ordinaire qui servait à l'empoisonnement des flèches,
usage qui paraît avoir été répandu dans toutes les îles
de la mer du Sud, mais qui diminue de nos jours
à mesure que celui des armes à feu devient général.

Rien en même temps n'est plus grandiose, plus sublime que le caractère des montagnes de ce pays, lesquelles, ainsi que les îles elles-mêmes, doivent le jour à des éruptions volcaniques.

LA VALLÉE EMPOISONNÉE

Nous ne saurions terminer cette courte esquisse des arbres vénéneux, et surtout la description des upas javanais, sans dire un mot de cette vallée, dont le caractère funeste est attribuée par l'ignorance des indigènes aux exhalaisons de ces végétaux terribles. Suivons ici aussi le récit de Schleiden.

En quittant le fourré de la forêt vierge, si le voyageur escalade une colline, son regard terrifié aperçoit soudain l'image de la désolation. Une vallée plate et déserte ne présentant pas la moindre trace de végétation, calcinée par l'ardeur du soleil, se déroule devant lui à perte de vue. La mort seule habite cette région parsemée de squelettes et d'ossements à moitié détruits. Souvent on reconnaît, d'après leur position, que le tigre a été frappé au moment de saisir sa victime, et que l'oiseau de proie, en descendant sur son cadavre, a subi le même sort. Des monceaux de coléoptères et d'autres insectes se rencontrent éparpillés çà et là, et témoignent en faveur de la justesse du nom que cette vallée a reçu des na-

turels. C'est la vallée de la Mort ou la *Vallée empoisonnée*. Cette propriété funeste du terrain est due
aux émanations d'acide carbonique qui, à cause de
sa pesanteur spécifique, ne se mêle que lentement
aux couches supérieures de l'atmosphère, comme
cela se voit dans la Grotta del Cane (Grotte du Chien)
près de Naples et dans la caverne à vapeurs de Pyr-

La vallée empoisonnée (Java).

mont. Ce gaz donne infailliblement la mort à tous
ceux qui se baissent vers le sol. L'homme seul, à qui
Dieu a départi la faculté de marcher debout, traverse
impunément ces endroits dangereux pour les animaux d'une stature moins élevée, parce que ces vapeurs asphyxiantes ne peuvent atteindre à la hauteur
de sa tête. De même que l'oppression qu'on éprouve
sur l'Himalaya à une hauteur de 15,000 à 16,000
pieds est attribuée par des indigènes aux émana-

tions vénéneuses de certaines herbes, de même aussi les terribles phénomènes de la vallée de la Mort ont été mis sur le compte des émanations du poison upas dont nous venons de parler, et ce que l'on en raconte est d'autant plus effrayant que, jusqu'ici, on ne connaît pas encore le contre-poison à opposer à ce venin violent, dont l'effet est instantané.

N'envions pas aux habitants des tropiques le lait de l'arbre à vache, et, contents de l'utile présent du caoutchouc, renonçons sans regret au reste de la végétation luxuriante de ces contrées qui, avec toutes leurs beautés, présentent toujours aussi quelque chose de funeste. Aucun médicament connu n'est capable de neutraliser les effets de ces poisons, qui sont autant d'énigmes terribles posées au genre humain. Ils confirment ce dire que la brillante lumière de la nature tropicale a aussi son côté sombre, et que plus d'un dragon défend l'approche de ces jardins des Hespérides.

Les chênes.

CHAPITRE IX

LES DOYENS ET LES GÉANTS DU MONDE VÉGÉTAL

I. LONGÉVITÉ DES ARBRES

De tous les objets dont la nature organique revêt notre globe, aucun ne laisse une plus vénérable idée du temps que ces arbres séculaires dont les branches ont étendu leur ombre sur tant de générations. L'arbre immense et calme a quelque chose de mystérieux et d'attirant pour le regard ; pour notre part, nous avons rarement vu la vie printanière revêtir d'une nouvelle parure un arbre que chaque année on revoit pareil à lui-même, sans rencontrer au fond de notre être une pensée dominante qui nous exprimait plus éloquemment que toute autre la brièveté de notre vie. Les monuments de l'homme vivent plus longtemps que lui, c'est vrai ; mais ils ne sont point animés par la vie de la nature. Les montagnes aussi ont assisté aux révolutions séculaires des âges, mais ce ne sont point des individualités avec lesquelles nous puissions entrer en confidence. L'arbre, au contraire, l'arbre comme la fleur, est un individu qui nous regarde et qui se tient devant nous comme le témoin calme de notre existence. Cet arbre existait longtemps avant que nous ayons reçu le jour, il a vu les siècles qui nous ont précédés ; bien des hommes ont passé à ses pieds, qui furent nos lointains ancêtres durant ces époques pour nous si mystérieuses de notre existence. Et quand le flambeau de notre vie sera consumé, ce même arbre restera, lui, calme et silencieux comme aujourd'hui, il refleurira au printemps et de nouvelles générations viendront se jouer comme la nôtre à ses pieds !

Les grands végétaux comptent leur existence par siècles. Qui ne connaît le *chêne des partisans*, dans le département des Vosges, qui domine de sa tête encore verdoyante le bois de Saint-Ouen au-dessus de Sauville ? Un jour (c'était le 30 septembre 1866) nous eûmes la curiosité de le mesurer. Sa hauteur est de 33 mètres, son envergure de 25, sa circonférence à hauteur d'homme est de 6^m,65, sa circonférence aux racines, à 1 pied de hauteur, est de 11^m,30.

Non loin de là se dresse un autre géant, le chêne Henry, qui mesure $4^m,95$ à hauteur d'homme. Le chêne des Partisans peut bien compter 650 printemps, et doit avoir connu le temps où les bandes des cottereaux, carriers ou routiers, dévastaient la France sous le règne de Philippe Auguste.

A la base des pentes méridionales du mont Blanc, dans la forêt de Ferri, près du col de ce nom, on trouve un mélèze qui a $5^m,45$ de circonférence au-dessus du collet de la racine, et qui paraît attester 800 ans de vieillesse.

Non loin de lui, entre Dolonne et Pré-Saint-Dizier, on voit sur les montagnes du Béqué un sapin désigné par les habitants du pays sous le nom d'*Écurie des chamois*, parce qu'il sert d'abri à ces animaux pendant l'hiver. Il mesure $7^m,62$ de circonférence et $4^m,80$ encore au premier embranchement. Malgré sa magnifique végétation et sa verdoyante parure, on lui attribue 1200 ans d'existence.

Aux îles du Cap-Vert, Adanson a mesuré plusieurs baobabs de 30 mètres de circonférence, lesquels, suivant ses prévisions, devaient compter près de 6000 ans d'existence. Ils eussent été antérieurs au déluge.

On peut au premier abord s'étonner que l'on puisse par l'aspect d'un arbre déterminer approximativement son âge. L'explication en est cependant fort simple.

Chaque année, une nouvelle couche de bois se forme dans l'arbre, et l'on peut voir sur un tronc scié qu'en effet le bois montre une suite de zones concentriques. Si l'on divise un arbre par tronçons en faisant des coupes continues le long de la tige et au-dessus de chaque embranchement régulier, le nombre de couches ligneuses qu'on comptera sur les diverses coupes diminuera successivement d'année en année, depuis la première série de branches jusqu'à la cime. Le nombre d'embranchements réguliers disposés le long de la tige coïncide de plus avec le nombre d'années écoulées depuis la naissance de l'arbre jusqu'à l'instant de sa destruction. Enfin, si l'on coupe transversalement l'une des branches latérales de chaque série, on s'apercevra que le nombre des couches ligneuses de chaque coupe coïncide avec celui de la partie correspondante de la tige, car ces branches se sont développées la même année. Chaque zone ligneuse concentrique indiquant une année, un arbre qui montre cent zones peut être regardé comme comptant un siècle d'existence. C'est par ces observations sur les arbres mêmes ou sur ceux de la même espèce, et par d'ingénieuses déductions, que les botanistes sont parvenus à déterminer leur âge.

Les végétaux qui, dans tous les pays du monde, acquièrent les dimensions les plus remarquables sont l'if, le châtaignier, plusieurs bambous, les mimosas, les cesalpinia, les figuiers, les acajous, les courbarils, les cyprès à feuilles d'acacia, et le platane occidental. Nous ne parlons pas d'une race de géants récemment découverte dont nous offrirons ci-après quelques spécimens.

AGES DE QUELQUES ARBRES.

On voit en Écosse, à Fortingall, un if de plus de trois mille ans. En France, à Foullebec (Eure), un if mesuré en 1822 paraissait âgé de onze à douze cents ans.

Adanson a mesuré au cap Vert un baobab dont le tronc présentait 29 mètres de circonférence ; la comparaison de cet arbre avec les plus jeunes de nos espèces accuse pour lui cinq mille ans d'âge. Golberg en a observé un autre qui atteignait 34 mètres de pourtour, et par conséquent, selon toute apparence, était plus âgé que le précédent. Mais le plus remarquable encore, au point de vue de l'ancienneté, c'est le pin colossal de Californie, le *sequoia,* qui s'élève à une hauteur de 100 mètres et présente une épaisseur de 10 mètres. Les couches concentriques d'un de ces troncs immenses témoignèrent six mille ans : il était donc contemporain des premières dynasties égyptiennes. Nous en parlerons à la fin de ce chapitre.

Nous nous proposons de décrire maintenant les arbres les plus merveilleux au point de vue de leur âge, de leur grosseur, ou de l'intérêt de leur rôle historique.

En Europe, le tilleul paraît l'arbre le plus susceptible de longévité et de proportions gigantesques. Le *tilleul de Neustadt* en est un exemple remarquable. C'est en Allemagne, dans le royaume de Wurtemberg, que se trouve cette petite ville. La ramure de l'arbre colossal qui porte son nom décrit une circonférence de 133 mètres, et ses branches sont soutenues par 106 colonnes de pierre. Au milieu du seizième siècle, le duc de Wurtemberg fit peindre ses armoiries sur les deux colonnes du devant. A son sommet, le tilleul de Neustadt se divise en deux grosses branches, dont l'une fut brisée par la tempête en 1773, tandis que l'autre mesure encore aujourd'hui une longueur de 35 mètres.

Le *tilleul de Fribourg*, dont la circonférence est de 5 mètres, en offre un autre exemple. Il présente de plus un intérêt historique, parce qu'il provient d'un rameau planté le jour de la bataille de Morat, à côté du cadavre d'un jeune Fribourgeois mort de fatigue en venant annoncer la victoire : glorieuse ardeur qui rappelle les jours de la Grèce antique.

Le *tilleul de Villars-en-Moing*, près Fribourg, est plus ancien encore, car il était déjà célèbre en 1476, date de la bataille précédente. Sa circonférence ne mesure pas moins de 12 mètres; sa hauteur est de 24. Deux branches énormes se divisent à 5 mètres au-dessus du sol, et ces branches se subdivisent elles-mêmes en cinq nouvelles branches, puissantes et touffues.

Le chêne est avec le tilleul le végétal de nos contrées qui acquiert les plus grandes proportions.

L'Angleterre en possède de fort remarquables par leur vieillesse et leurs dimensions. En voici quelques-uns :

Le chêne du parc Clipson, âgé de quinze cents ans Ce parc existait avant la conquête, et il appartient au duc de Portland.

Le chêne le plus haut de taille, aussi bien que le plus vieux, appartient au même lord. On l'avait surnommé la Canne du duc.

Le plus gros chêne d'Angleterre est le chêne de Calthorpe, dans le Yorkshire; il mesure 78 pieds de circonférence à sa base.

Le chêne des Trois-Comtés est ainsi nommé parce qu'il appartient à un domaine situé à la fois dans les comtés de Nottingham, de Derby et d'York. Cet arbre couvre de son feuillage 777 mètres carrés.

Le chêne le plus productif était celui de Gebnos, dans le comté de Montmouth ; il fut abattu en 1810 ; l'écorce seule fut vendue 200 livres sterling (5000 francs) et le bois 670 livres sterling (16,750 francs). Ces chiffres sont extraits de la *Revue britannique*. Dans le manoir de Tredegar, même comté, une salle de 42 pieds de long sur 27 de large a été parquetée et lambrissée avec le produit d'un seul chêne tiré du parc de ce domaine.

Il ne faudrait pas toujours se croire en droit de décerner un brevet d'antiquité à un végétal à cause de sa grosseur. Nous avons été fort surpris, il y a quelque temps, en visitant le beau château de Fontaine-Henri (Calvados), d'entendre dire au jardinier qu'il avait planté lui-même, il n'y a que cinquante-huit ans, un sophora du Japon mesurant actuellement 5 mètres de diamètre au-dessous des branches, et projetant dans le ciel douze branches énormes! A première vue, nous avions assigné à ce colosse plusieurs siècles d'existence.

Voici maintenant les plus remarquables de notre France. On observera qu'ils ne le cèdent en rien aux précédents.

LES COLOSSES DU RÈGNE VÉGÉTAL

II. CHÊNES — D'AUTRAGE, — D'ANTEIN, — D'ALLOUVILLE, DE MONTRAVAIL.

Le chêne d'Autrage, dans l'arrondissement de Belfort (Haut-Rhin), l'un des plus gros arbres de nos contrées, fut abattu il y a quelques années. Il avait près de 5 mètres de diamètre à la base, et plus de 14 de circonférence. La bille seule produisit 126 stères de bois marchand. On faisait remonter l'origine de ce chêne aux temps druidiques.

Le chêne d'Antein, dans la forêt de Sénart.

Il n'est pas nécessaire de s'éloigner beaucoup de Paris pour voir certains monuments végétaux fort respectables. Sans aller même jusqu'à la forêt de Fontainebleau, et sur la route même, vous pouvez descendre à la station de Montgeron ou de Brunoy, et faire une longue excursion dans la belle forêt de Sénart. Avant d'arriver au petit village de Champrosay, à 300 mètres environ au-dessus, il y a une croisée où huit routes viennent aboutir. C'est au milieu de cette croisée que se trouve le vieux chêne d'Antein. Les Parisiens qui descendent le dimanche à la station de Villeneuve-Saint-Georges, et qui s'éloignent dans la campagne arrosée par la petite rivière d'Yères, ne perdraient rien à l'intérêt de leurs promenades s'ils regardaient de temps en temps les arbres et les plantes avec l'œil du botaniste et de l'historien. Le tronc du chêne dont nous parlons mesure 5^{m},20, et son feuillage couvre un espace de plus de 30 mètres.

Plusieurs de ses vieilles branches ont été abattues. Jadis, au bon vieux temps, on y pendait haut et court. Au dernier siècle, l'extravagant marquis de Brunoy avait dignement remplacé cet usage en faisant servir sous son ombre d'excellents déjeuners de chasse.

Les tilleuls et les chênes que nous venons de décrire, quelque remarquables qu'ils soient, ne forment encore que l'entrée en matière des descriptions qui vont suivre; ils sont à la lisière des bois géants que nous devons parcourir. Voici en effet les végétaux dignes d'être nommés merveilleux par leur taille gigantesque et par les années que supportent ces patriarches du monde, auprès desquels les animaux ne sont que des ombres éphémères.

Le vieux chêne d'Allouville.

Parmi les arbres antiques et merveilleux qui excitent au plus haut degré l'intérêt des voyageurs, nous citerons le chêne immense d'Allouville, près d'Yvetot. Il est du nombre de ceux auxquels le souvenir reste le plus chèrement attaché. Ce que l'on a écrit de mémoires savants, de discussions scientifiques sur cet arbre, ne vaut pas les récits traditionnels des villageois qui se succèdent à ses pieds depuis des siècles. Son ombre a couvert des ancêtres bien chers, et s'étend sur la dernière demeure de bien des générations. Planté au milieu du cimetière, souvent les pieux habitants des campagnes sont venus s'agenouiller à ses pieds aux heures d'inquiétude et de souffrance; peu d'arbres, peu de chênes ravivent avec autant de puissance le patriotique souvenir qui s'attache, dans l'esprit des fils de la Gaule, au culte primitif de la nature chez les druides.

Au-dessus du sol, il mesure 50 pieds de circonférence, et 24 à hauteur d'homme. Dans l'intérieur du tronc creux, on a établi une chapelle. Au-dessus — on pourrait dire au premier — se voit une chambre rustique d'anachorète, garnie d'une couche taillée dans le bois. Plus haut encore, au second, un petit clocher couronné par une croix surmonte l'édifice végétal.

Ce chêne ne compte pas moins de neuf cents ans d'âge. C'est au dix-septième siècle que l'on décora son intérieur en chapelle, et que l'on consacra cette chapelle à la Vierge. Sous la Révolution, des fanatiques inintelligents, qui font consister leur foi à tout détruire, tentèrent à plusieurs reprises d'incendier ce vénérable monument historique; mais les habitants d'Allouville et des alentours, qui vouent à cet arbre une sorte de culte de famille, le défendirent avec amour et le sauvèrent. Bien des générations viendront encore s'asseoir sous son ombre immense.

« L'aspect de cet arbre, dit un chroniqueur[1], excite un intérêt encore plus grand, peut-être, que celui des édifices que nous ont légués les peuples éteints. Il nous semble qu'il y a réellement quelque chose de plus éloquent dans cette végétation sans cesse renaissante qui a vu tant de fosses se fermer et s'ouvrir, dans cette écorce vive qui palpite sous le

____

[1] *Magasin pittoresque*, t. I, 1833.

Le chêne d'Allouville.

doigt, que dans les pierres muettes et froides des vieux temples ; et nous ne connaissons pas d'historien qui nous ait plus touché que la tradition humble et pieuse qui raconte aux voyageurs les rois, les guerriers qui se sont reposés contre ce tronc antique, les troubadours qui l'ont chanté, ou les orages qui l'ont frappé sans le consumer jamais. »

Un jour, dans une excursion de touriste, revenant de Caudebec à Yvetot, nous fîmes un détour pour visiter le vieux chêne. La particularité qui nous frappa le plus dans ce végétal, c'est qu'il est réduit pour ainsi dire à son écorce seule. Il est entièrement creux, de la racine au sommet, et l'intérieur est plaqué de bois, muré ou plâtré, tapissé comme une cellule ou un oratoire. Cependant l'arbre est aussi vert que ceux de la forêt voisine, et des milliers de glands décorent chaque été son feuillage.

Le chêne de Montravail.

Le vieux chêne-chapelle d'Allouville n'est pourtant qu'un monument fort modeste à côté de celui-ci, qui ne compte pas moins de dix-huit cents ans à deux mille ans d'existence ; et l'énorme châtaignier de l'Etna ne peut lui être comparé s'il est vrai que sa circonférence soit formée par la réunion de plusieurs branches sortant d'une base commune enfouie sous

les cendres volcaniques, et rapprochées de manière
à simuler un même tronc.

Ce chêne, qui se trouve dans la vaste cour de la
ferme de Montravail, près de Saintes, est, sans contredit, le doyen des forêts de la Saintonge et de la
France entière. Il appartient à l'espèce *Quercus lon-
gæva*, et sa robuste constitution peut encore supporter le poids des siècles à venir. Un feuillage vert et
abondant vient chaque année le couronner, pour la
deux-millième fois peut-être. Au niveau du sol, son
diamètre est de 8 à 9 mètres, sa circonférence de
près de 26. Le développement général des branches
mesure 120 mètres de circuit.

Dans le bois mort de l'intérieur du tronc, on
trouve une salle creusée, de 3 à 4 mètres de diamètre sur 5 de hauteur; un banc circulaire taillé
en plein bois et préparé pour les visiteurs, et
lorsqu'on place une table au centre, douze convives
peuvent facilement prendre leur collation dans cette
salle à manger rustique. Une tapisserie vivante de
fougère et de mousse la décore; elle reçoit le jour
par une fenêtre placée à gauche, et par la porte qui
est vitrée.

Il ne reste plus guère de cet arbre qu'une épaisse
écorce; c'est le sort de presque tous les vieux végétaux, qui perdent leur moelle, leur cœur et leur bois
et ne vivent plus que par leur squelette extérieur.
Cet aspect se remarque surtout dans les saules. Dernièrement nous suivions le bord de la Marne, sous

Le chêne de Montravail, près de Saintes.

le magnifique viaduc de Chaumont, lorsque l'un de
ces saules nous arrêta. Il ne possédait plus qu'une
écorce crevassée entièrement creuse du haut en bas.
Cependant il était verdoyant, et de plus mille parasites, végétaux et animaux, en habitaient les profonds interstices.

III. CHATAIGNIERS — DE NEUVE-GELLE, — DE L'ETNA; PLATANES DE SMYRNE, DE COS, — DE GODEFROI·DE BOUILLON

Le châtaignier de Neuve-Gelle (Suisse).

La Suisse est remarquable par la diversité de ses
trésors naturels. Aux sites délicieux, aux points de
vue pittoresques, aux paysages magnifiques, elle
ajoute encore des beautés particulières non moins
précieuses. Nous parlerons seulement ici de quelques arbres célèbres.

Au bord du lac Léman domine le manoir de Meillerie, dont les rochers suspendus ne sont séparés du
lac que par la route du Simplon. De Meillerie on arrive, par Talemon (site légendaire) à Maxili et au
château de Neuve-Gelle, auquel appartient le châtaignier dont nous parlons. Dès le quinzième siècle,
cet arbre abritait un modeste ermitage, et sans
doute, à cette époque, il était déjà d'un âge respec-
table. Aujourd'hui, sa base mesure une circonférence
de 13 mètres. Sa cime, plusieurs fois frappée par
le feu du ciel, s'est arrêtée dans son développe-

ment ; mais l'envergure de ses branches lui donne encore un aspect vénérable, et l'été voit chaque année de nombreux touristes venant se reposer à son ombre.

On admirait encore, il y a un demi-siècle, à Morges, sur la rive septentrionale du lac, deux arbres jumeaux à peu près de la même taille. En 1824, le plus grand succomba sous le poids de sa vieillesse, chute dont les habitants ressentirent une douleur réelle, car l'ormeau tombé était depuis bien longtemps le contemporain, le confident de leurs ancêtres. Cet ormeau mesurait, à la sortie des branches du tronc, plus de 11 mètres de circonférence ; la branche principale mesurait $5^m,44$, plusieurs autres, 3 mètres. — Son frère est resté debout et grossit encore.

A Prilly, près de Lausanne, on rencontre un tilleul dont l'ombre, il y a cinq cents ans, couvrait déjà la justice du lieu. La municipalité de Lausanne le surveille avec soin ; son attentive sollicitude préside à sa conservation, chère aux deux communes ; une petite fontaine entretient la fraîcheur de ses racines. Les dimensions de cet arbre ne sont pas inférieures à celles du précédent.

L'ormeau de Lutry et le tilleul de Villars sont, comme les précédents, le rendez-vous des voyageurs, et obtiennent comme eux une admiration méritée.

N'oublions pas les bains d'Évian, où l'on voit, un

peu au-dessous de la route, deux rosiers de même forme, et presque égaux en grandeur et en grosseur. Ce ne sont pas des monuments gigantesques auprès des colosses végétaux dont nous venons de parler ; mais ils ne causent pas aux voyageurs une moindre surprise. Ces rosiers sont d'une taille fort remarquable pour le monde des fleurs auquel ils appartiennent ; leur tronc mesure près de $0^m,30$ de circonférence.

Le châtaignier de l'Etna.

Le châtaignier de Neuve-Gelle est loin d'être comparable à celui-ci, célèbre, sous le nom de *Châtaignier des cent chevaux*, à cause de la vaste étendue de son ombrage. La tradition rapporte que Jeanne d'Aragon visita l'Etna dans son voyage d'Espagne à Naples, et que toute la noblesse de Catane l'accompagna dans son excursion. Un orage étant survenu, la reine et sa suite auraient trouvé un abri sous le feuillage de cet arbre immense.

« Cet arbre si vanté et d'un diamètre si considérable est entièrement creux, dit Jean Houel, le premier voyageur qui en ait donné la description au siècle dernier, car le châtaignier est comme le saule, il subsiste par son écorce : il perd en vieillissant ses parties intérieures, et ne s'en couronne pas moins de verdure. La cavité de celui-ci étant immense, des gens du pays y ont construit une maison où est un four pour sécher des châtaignes, des noisettes, des amandes et autres fruits que l'on veut conserver ; c'est un usage général en Sicile. Souvent, quand ils ont besoin de bois, ils prennent une hache et ils en coupent à l'arbre même qui entoure leur maison ; aussi ce châtaignier est dans un grand état de destruction.

« Quelques personnes ont cru que cette masse était formée de plusieurs châtaigniers qui, pressés les uns contre les autres, et ne conservant plus que leur écorce, n'en paraissent qu'un seul à des yeux inattentifs. Ils se sont trompés, et c'est pour dissiper cette erreur que j'en ai tracé le plan géométral. Toutes les parties mutilées par les ans et la main des hommes m'ont paru appartenir à un seul et même tronc[1]. »

On a dit, en effet, comme le rappelle Houel, que plusieurs arbres étaient réunis dans ce végétal gigantesque : cependant plusieurs témoignages sembleraient infirmer cette opinion. Brydone, qui le visita en 1770, rapporte que ses guides, interprètes des traditions du pays, assuraient qu'à une époque très ancienne, une écorce continue et très saine couvrait encore ce tronc, dont on ne voit plus malheureusement aujourd'hui que les ruines. Le chanoine Recupero,

---

[1] Nous tenons de M. Ysabeau, horticulteur distingué, que certains arbres sont particulièrement disposés à se souder lorsqu'ils prennent naissance autour de la souche paternelle, et que ce fait a été maintes fois observé sur l'olivier.

Le châtaignier de l'Etna.

naturaliste sicilien, attesta en présence du voyageur anglais et de plusieurs autres témoins que la racine de cet arbre colossal était unique. La meilleure observation à l'appui de l'unité de ce végétal, c'est encore l'exemple fourni par d'autres châtaigniers de l'Etna qui présentent jusqu'à 12 mètres de diamètre.

Celui que nous décrivons a 160 pieds de circonférence. — On ne saurait, même approximativement, calculer son âge.

Aujourd'hui une ouverture, assez large pour que deux voitures y passent de front, le traverse de part en part, ce qui n'empêche pas qu'il se couvre annuellement de fleurs et de fruits.

Nous devons cependant ajouter, en terminant, que c'était une coutume, chez les horticulteurs anciens, de rassembler autour d'une pousse plusieurs autres rejetons de même espèce, de manière à former l'apparence d'un seul arbre. On écorçait les côtés intérieures qui se soudaient et bientôt une seule écorce enveloppait tout le faisceau. Ce fait se rencontre surtout chez les oliviers.

Le platane de Smyrne.

Vers le milieu de la plaine de Smyrne, en Asie Mineure, près de la route qui mène à Bournabat, on voit le vieux platane que représente notre dessin. Sa forme singulière n'est pas moins remarquable que ses dimensions.

Bournabat est un village où l'on montre une grotte dans laquelle la tradition rapporte qu'Homère écrivit l'*Iliade*. Ce lieu pittoresque est le séjour favori des riches négociants de Smyrne, qui y ont établi leurs maisons de plaisance. Les piétons, et même les cavaliers qui se rendent de la ville à la campagne, aiment à suivre un sentier, parallèle et contigu à la route, qui traverse la haute porte végétale formée par les divisions du tronc. Ces deux souches sont assez fortes pour supporter la masse du platane énorme, du haut duquel on domine l'un des plus beaux golfes de la côte asiatique.

De là on aperçoit les cimetières orientaux de Smyrne, les plus mémorables avec ceux de Péra et de Scutari, où s'étend l'ombre silencieuse de cyprès séculaires. Le regard domine la plaine, depuis les limites orientales de la grande ville jusqu'aux riches collines qui s'élèvent à l'opposite de la mer.

Le platane de Cos.

Cos, l'île célèbre des Sporades, dans la mer Égée, qui donna le jour au plus grand des médecins, Hippocrate, au plus grand des peintres de la Grèce, Apelles, nous offre au centre de la place publique un platane magnifique que l'on compare souvent au précédent. Le développement prodigieux de ses

Le platane de Smyrne.

branches couvre cette place tout entière. Affaissées
sous leur propre poids, elles pourraient se briser,
si les habitants ne s'étaient chargés de les soutenir par des colonnes de marbre. Ils vouent à ce
monument du monde végétal une espèce de culte
non moins sincère, non moins profond que celui
que leur inspirent leurs beaux édifices, derniers témoins de leur ancienne grandeur.

Le platane de Godefroy de Bouillon.

Je serais presque tenté de vous dire, comme l'as-
trologue : Ce platane que vous voyez n'en est pas *un* ; —
en effet, c'est une réunion de neuf platanes soudés
formant trois groupes très rapprochés. M. Ch. Martins, qui l'a observé et décrit, le regarde comme le
végétal le plus colossal qui existe, et M. Th. Gautier
l'appelle non pas un arbre, mais une forêt. En com-
mençant par l'est, dit le premier de ces écrivains, on
voit d'abord deux troncs réunis, ayant, à 1 mètre
au-dessus du sol, une circonférence de $10^m,80$. Le
feu y a creusé une cavité de 5 mètres d'ouverture ;
puis vient un tronc isolé dont le pourtour est de
$5^m,40$. Le dernier groupe se compose de six troncs
réunis, formant une ellipse courbe dont la circonférence est de 23 mètres ; savoir : 13 mètres pour
l'axe extérieur, 10 mètres pour l'intérieur, qui est
concentrique au premier. Cet énorme tronc a été
creusé par le feu, car la barbarie turque n'admire

et ne respecte rien. Un cheval était à l'aise dans cette cavité, qui lui servait d'écurie.

M. Martins estime à 60 mètres environ la plus grande hauteur du massif. La projection de la cime sur le sol couvre une surface irrégulière de 112 mètres de pourtour. Quelques branches mortes dépassent le dôme du feuillage, mais de longues branches vivantes retombent de tous côtés, chargées de feuilles plus découpées que celles du platane d'Occident. Des tentes que le platane abrite, on découvre la rade de Bujugdéré, village du Bosphore situé à peu de distance.

IV. IF DE LA MOTTE-FEUILLY; ORME DE BRIGNOLES; ÉRABLE DE TRONS; ARBRE DE POPE; LIERRE DE ROUSSEAU

L'if de la Motte-Feuilly (Indre).

Cet if est à la fois un monument de la nature et un monument de l'histoire. Un monument de la nature, car il porte les traces d'un âge séculaire; son tronc n'offre pas moins de 8 mètres de tour; l'ombre donnée par ses branches restées vertes s'étend sur une étendue de 22 mètres; un monument de l'histoire, car après avoir vu passer les légions romaines, il reçut les pleurs de Charlotte d'Albret, l'épouse infortunée de César Borgia, duc de Valentinois, et ceux de Jeanne de France, divorcée d'avec Louis XII, qui vint confondre ses peines avec celles de sa cousine.

Aujourd'hui, la moitié de cet arbre est morte et ne voit plus renaître, au printemps, son feuillage sombre ; mais le tronc principal reste, souvenir permanent d'un âge disparu. Cet if se trouve dans l'un des clos du château féodal de la Motte-Feuilly, non loin de la route de la Châtre à Châteaumeillant, sur les limites de l'ancienne province du Berry et de la Marche.

L'orme de Brignoles.

Il y a dans le département du Var une petite rivière, nommée la rivière de Caranci, qui maintenant coule hors des murs de Brignoles, et autrefois, si l'on en croit la tradition, passait au milieu de la place qui porte son nom, au pied de l'orme séculaire. Ce vénérable vieillard était déjà bien connu au quinzième siècle, avait assisté à bien des événements, et donné asile à de bien pauvres artisans. Au seizième siècle, Michel de l'Hôpital en célébra les rares proportions, pour occuper son exil de Provence. Le roi Charles IX assista, le 25 octobre 1564, au bal champêtre qui fut donné sous l'orme gigantesque. Maintenant un bâton de vieillesse soutient ce patriarche antique ; c'est un modeste et silencieux vieillard ; il n'a rien d'imposant, mais il excite encore l'intérêt par les souvenirs du bon vieux temps qu'il semble raconter.

L'orme des Sourds-Muets (Paris).

Quel Parisien ne connaît ce géant sans égal, que l'on découvre de tous les points élevés de la capitale et de tous les environs jusqu'à plusieurs lieues à la ronde?

Cet arbre magnifique qui se porte à merveille et paraît encore en pleine jeunesse se trouve dans la cour de l'Institution des sourds-muets, rue Saint-Jacques, ancien séminaire de Saint-Magloire. Il a été planté sous le règne d'Henri IV. C'est un orme géant, dont la taille ne mesure pas moins de 32 mètres de hauteur.

C'est la hauteur du petit dôme central de la terrasse de l'Observatoire. Aussi le distingue-t-on de loin, comme un véritable monument. Sa tête ressemble à un immense dôme de verdure.

L'érable sycomore de Trons (Grisons).

Dans la longue vallée du Varder-Reinthal qui protège l'enfance du Rhin, on rencontre la petite ville de Trons. C'est à peu de distance que l'on remarque l'arbre vénérable dont l'ombrage recouvre une petite chapelle à la romaine. En 1424, les députés des communes de la vallée se réunirent sous ses branches pour former la fédération de la ligue Grise supérieure, d'où sortit la république des Grisons. Le quatrième jubilé de la formation de la

L'érable sycomore de Trons.

ligue, en 1824, inaugura la petite chapelle, dont le portique montre cette inscription : « Vous êtes appelés à la liberté; où est l'esprit de Dieu, là est la délivrance; nos pères ont espéré en toi, Seigneur, et tu les as faits libres. »

Cet arbre fut longtemps appelé le platane de Trons, et c'est sous cette dénomination qu'on le trouve encore généralement désigné. Cependant ce n'est qu'un faux platane, un érable sycomore. A l'altitude où il végète, 865 mètres, le platane ne trouverait pas les conditions d'une existence prospère.

A un demi-mètre du sol, le tronc mesure $8^{m},60$ de circonférence.

Dans son voyage à Nuremberg, M. Édouard Charton rapporte la visite qu'il fit au vieux chêne de cette ville, planté, dit-on, par l'impératrice Cunégonde. Jadis, dans les grandes fêtes de la cité germanique, on venait danser sous son feuillage, qui couvrait de son ombre la cour entière des Païens, au milieu de laquelle il était situé. Le jour même où, en 1445, le père d'Albert Dürer vint s'établir à Nuremberg, le praticien Philippe Pirkleimer célébrait sa noce sous le chêne. Quatre statues entourent le tronc, ce sont les statues des empereurs, parmi lesquelles on remarque surtout celle de Wenceslas.

L'arbre de Pope.

L'arbre de Pope, près Binfield, n'a rien de remarquable au point de vue botanique. C'est un pauvre hêtre, isolé sur un sol étranger, presque sans feuilles et sans rameaux, ridé et épuisé de vieillesse, à demi mutilé par la foudre.

Cependant on sent en l'approchant se manifester au fond de son être l'émotion d'un respect indescriptible. Puissances mystérieuses de l'association des idées, qui faites entrer dans le cercle de nos amitiés et pour ainsi dire dans notre famille, jusqu'aux choses inanimées !

A sept milles de Windsor on rencontre cet arbre où Pope enfant vint rêver et recevoir les premières impressions du monde extérieur. Sur son écorce, des inscriptions sont gravées en l'honneur de Pope. Alentour, sur les arbres et sur les pierres, sont des fragments empruntés aux œuvres principales de ce poète, à l'*Essai sur l'homme*, à la *Prière universelle*, etc.

Voici l'un des plus beaux fragments :

« Toutes choses ne sont que les parties d'un ensemble merveilleux,

« Dont la nature est le corps et Dieu l'âme ;

« Qui se transforme partout et partout est le même ;

« Grand sur la terre, grand dans l'immensité du ciel.

« Sa chaleur rayonne sur nous dans le soleil, son souffle nous rafraîchit dans la brise ;

« Il brille d'une douce lumière dans les étoiles, et il fleurit dans les arbres du printemps ;

« Il existe dans toute son existence, il s'étend dans toute étendue ;

« Il répand sans se diviser, il donne toujours sans jamais perdre ;

« Il respire dans notre âme, il vit dans notre être mortel ;

« Aussi complet, aussi parfait dans un cil de notre œil que dans un battement de notre cœur ;

« Aussi complet, aussi parfait dans l'homme misérable qui gémit que dans l'éclatant séraphin qui adore en brûlant.

« Pour lui, rien de haut, rien de bas, rien de petit :

« Il remplit, il limite, il unit, il égalise tout. »

Le lierre de Jean-Jacques Rousseau à Feuillancourt.

Peut-être pouvons-nous couronner cette série d'arbres remarquables au point de vue de leur vénérable antiquité, par une tige de lierre dont l'origine historique est digne d'attention. Du passé de Feuillancourt l'industrie n'a respecté qu'une habitation appartenant à un ancien procureur du Châtelet nommé Usquin. On remarque dans le parc anglais qui entoure la villa italienne de Feuillancourt, un peuplier gigantesque autour duquel s'enroule un plant de lierre qui a pris d'immenses proportions d'année en année. Ce lierre vient d'une bouture mise en terre par Jean-Jacques-Rousseau, ami de Trochereau, auquel appartenait alors ce terrain.

A ce propos, la manière dont Rousseau mit fin brusquement à son amitié avec le botaniste Trochereau est assez curieuse. Le duc de Noailles, propriétaire d'un très beau parc à Saint-Germain, désirait voir Jean-Jacques Rousseau et causer avec lui. Comme une invitation directe de celui-ci eût été certainement suivie d'un refus immédiat, car on connaît le caractère misanthropique de Rousseau et son aversion pour le monde, le duc pensa employer la ruse, et pria Trochereau de conduire insensiblement son ami vers son parc, tout en botanisant. Le duc devait l'attendre derrière la grille, se trouver là par hasard, et les inviter à visiter les plantes de sa collection. Tout marcha bien jusqu'au moment où le philosophe genevois aperçut le duc, mais en ce moment, Trochereau le chercha en vain : il avait disparu. Le lendemain Rousseau écrivait à son ami qu'il rompait de ce jour tout commerce avec lui.

Feuillancourt a perdu ses beaux jours. Il est bien solitaire aujourd'hui. Cependant au treizième siècle Blanche de Castille y avait une maison de campagne, et à la fin du dix-septième le pavillon Montespan marqua sa place dans l'histoire.

Nous nous arrêtons ici. D'autres végétaux cependant mériteraient d'être mentionnés. Nous en citerons encore quelques-uns :

Il existe à Paris un vieillard de deux cent trente ans.... Vous avez bien lu, ami lecteur, nous disons deux cent trente ans, ni plus ni moins. Hâtons-nous d'ajouter que nous parlons d'un arbre, l'*Acacia de Robin*, du Jardin des Plantes, près de qui le cèdre du Liban n'est qu'un adolescent, la gloire du marronnier des Tuileries que de la fumée.

Ce végétal, disait *le Moniteur* du mois de mai dernier, a été le pied mère d'où sont issus les innombrables acacias qui peuplent aujourd'hui nos jardins et nos bois. C'est dans un carré voisin de la rue de Buffon qu'apparaît son tronc vermoulu, crevassé, soigneusement calfeutré avec du plâtre, et protégé par une armature en fer.

Ainsi qu'on peut le penser, rien n'est négligé pour prolonger l'existence de ce doyen d'âge de tous les acacias européens, bien connu de toutes les personnes qui fréquentent le Jardin des Plantes, et qui chaque année, au printemps, vont interroger ses rameaux, désireuses d'y surprendre les signes d'un reste de sève. Mais, évidemment, les derniers ans de l'arbre sont comptés. Cependant, nous avons constaté nous-même, au dernier printemps, des signes de vie chez le vénérable patriarche de la faune parisienne. Son front chauve se couvrait d'une chevelure fine; la sève, qui est le sang des arbres, circulait dans ses membres rabougris : le vétéran se cramponnait à l'existence.

Relégué à l'extrémité de la galerie de minéralogie, dans une partie peu fréquentée du Muséum, il est loin d'attirer l'attention des visiteurs comme le *Cèdre du Liban*, situé au labyrinthe; cependant il serait peut-être plus digne de notre intérêt. Il fut planté en 1635 (un siècle avant le cèdre apporté par Bernard de Jussieu), dans l'endroit où on le voit encore aujourd'hui, par Vespasien Robin. Le père de ce naturaliste l'avait reçu quelque temps auparavant de l'Amérique septentrionale. C'est en cette année, 1635, que le *Jardin Royal* fut définitivement institué par un édit de Louis XIII; et des arbres qui furent contemporains de cette fondation, l'acacia dont nous parlons est le seul qui soit resté. C'est en même temps le premier acacia qui soit venu en Europe. Il a peuplé, non seulement la France, mais encore l'Europe de l'une des espèces végétales les plus utiles et les plus belles[1].

Non loin de cet acacia, on remarquait anciennement le premier sophora du Japon, et l'un des premiers marronniers d'Inde qui aient été importés en Europe.

La longévité de cet arbre ne doit étonner per-

[1] Ce vétéran vient de disparaître, par suite des modifications apportées à cette partie du Jardin des Plantes. (Note de la 5e édition.)

sonne. Les acacias, lorsqu'ils sont en bonne terre, vivent communément de quatre à cinq cents ans. Dans le canton de Zurich, en Suisse, pour ne citer que cet exemple, on en montre un qui, d'après les traditions locales, doit être âgé de plus de cinq siècles.

L'*Arbre des sept Frères*, dans la forêt de Villers-Cotterets, est remarquable par ses sept branches colossales que l'on a pu disposer pour soutenir un plancher et une galerie sans nuire à sa riche végétation.

L'*Arbre de Cracovie*, que l'on voyait au Luxembourg jusqu'au commencement de ce siècle, a un intérêt historique. Planté, dit-on, par Catherine de Médicis, c'est sous son feuillage que les bourgeois de Paris s'assemblaient pendant la guerre de Sept ans. Ponce lui a consacré une élégie touchante, mais dont le sujet n'entre pas dans le cadre de cet opuscule.

Les noyers jouissent d'une grande longévité et acquièrent parfois des proportions gigantesques. L'un des plus merveilleux est celui que nos soldats ont remarqué à Balaklava, en Crimée, qui produit chaque année une récolte de cent mille noix. Cinq familles se le partagent.

La table de Saint-Nicolas en Lorraine, mentionnée par de Candolle, donne une idée non moins surprenante de la grosseur que ces végétaux peuvent acquérir. Sa largeur est de huit mètres. Inutile d'ajouter qu'elle est d'un seul morceau. Sur ce spécimen magnifique, l'empereur Frédéric III donna, en 1472, un repas de cour.

Terminons par le type le plus élégant des végétaux formés par la main des hommes.

L'érable de Matibo.

Ce végétal, type des *arbres belvéders* que la main exercée des horticulteurs sait élever avec tant d'habileté dans les jardins de plaisance, est surtout remarquable au point de vue de son ornementation architecturale. Ce n'est pas, à vrai dire, une merveille de la nature, et ce serait une erreur de le classer parmi les végétaux précédents, qui doivent à la nature seule le caractère qui les distingue. Cet érable se trouve à Matibo, délicieux séjour, situé aux environs de Savigliano, près de Coni, en Piémont. L'adresse et la patience d'un architecte de jardins lui a fait subir une éclatante métamorphose. C'est un véritable édifice à deux étages. Chacune des salles est éclairée par huit fenêtres et peut contenir aisément vingt personnes. Le plancher, très solide, est construit par un arrangement de rameaux tressés avec art; leurs feuilles en sont le tapis naturel. Les joyeux habitants de l'air voltigent en chantant dans son vert feuillage, sans être effarouchés par les visiteurs qui viennent s'accouder au balcon des fenêtres.

Plus élégant que le chêne d'Allouville, dont nous avons plus haut donné la description, cet érable est loin, cependant, d'offrir le même caractère. Nous le mentionnons ici, surtout comme type des *arbres d'art* dont la fantaisie des architectes orne les résidences champêtres. Les châtaigniers de *Robinson*, près de Sceaux, donnent une idée des essais que l'on peut faire pour utiliser les ressources de la nature ; mais ils n'offrent rien d'assez remarquable pour mériter une description ici.

V. LES ARBRES LES PLUS ÉLEVÉS DE LA TERRE

Dragonnier. — Adansonia. — Gommiers.

M. de Humboldt avait une prédilection marquée pour le dragonnier, datant des premières années de son enfance. Pour clore nos descriptions par les exemples les plus remarquables de la grandeur prodigieuse à laquelle certains végétaux peuvent atteindre, nous nommerons en premier lieu le dragonnier d'Orotava.

« Ce dragonnier colossal, dit l'auteur des *Tableaux de la nature*, se trouvait au milieu des jardins de M. Franqui, dans la petite ville d'Orotava, l'un des lieux les plus agréables qui soient au monde. Lorsque nous gravîmes, en juin 1799, le pic de Ténériffe, nous trouvâmes que le périmètre de ce dragonnier, mesuré à quelques pieds au-dessus de la racine, était d'environ 15 mètres. Plus près du sol, il n'avait pas moins de 24 mètres de circonférence. La hauteur de l'arbre est de 24 mètres. » La tradition rapporte que ce dragonnier était chez les Gouanches un objet de vénération comme chez les Athéniens l'olivier, chez les Lydiens le platane que Xerxès chargea d'ornements, et le bananier pour les habitants de Ceylan. On raconte aussi que lors de la première expédition de Béthencourt, dans l'année 1402, le dragonnier d'Orotava était déjà aussi gros et aussi creux qu'aujourd'hui. On peut conjecturer d'après cela à quelle époque il remonte, si l'on songe surtout que le *dracœna* croît très lentement. Berthelot dit, dans sa description de Ténériffe : « En comparant les jeunes dragonniers voisins de l'arbre gigantesque, les calculs qu'on fait sur l'âge de ce dernier effrayent l'imagination. » Le dragonnier est cultivé depuis les temps les plus reculés dans les îles Canaries, à Madère, à Porto-Santo, et un observateur très exact, Léopold de Buch, l'a vu à l'état sauvage près d'Ygueste, dans l'île de Ténériffe. Il n'est donc pas originaire, comme on l'a cru longtemps, des Indes orientales, et son existence chez les Gouanches ne renverse pas l'opinion de ceux qui considèrent ce peuple comme une race atlantique, entièrement isolée, et sans aucun rapport avec les nations de l'Afrique et de l'Asie. La forme du *dracœna* se retrouve au cap de Bonne-Espérance, à l'île Bourbon,

Le dragonnier.

en Chine et à la Nouvelle-Zélande. On rencontre dans ces contrées lointaines, différentes variétés appartenant au même genre ; mais il n'en existe aucune dans le nouveau monde, où elles sont remplacées par le Yucca. Le dracœna borealis d'Aiton n'est autre chose qu'un véritable convallaria, dont il a en effet tous les caractères. Borda mesura le dragonnier de la villa Franqui, lors de son premier voyage avec Pingré, en 1771, et non dans la seconde expédition qu'il fit en 1776 avec Varela. On prétend qu'au quinzième siècle, très peu de temps après les conquêtes normande et espagnole, on célébrait la messe sur un petit autel élevé dans la cavité du tronc.

Le caractère monumental de ces végétaux gigantesques, l'impression de respect qu'ils produisent sur tous les peuples, ont fait naître chez les savants de nos jours l'idée de déterminer leur âge et de mesurer plus exactement leur grosseur. D'après les résultats de ces recherches, de Candolle, l'auteur de l'important Traité sur la longévité des arbres, Endlicher, Unger et d'autres botanistes distingués, ne sont pas éloignés d'admettre que l'origine de plusieurs arbres existant encore aujourd'hui remonte à l'époque des plus anciennes traditions historiques, sinon de la vallée du Nil, du moins de la Grèce et de l'Italie. Plusieurs exemples semblent confirmer l'idée qu'il existe encore sur le globe des arbres d'une antiquité prodigieuse et peut-être témoins de ses dernières révolutions physiques.... — Notons que la stérilité est pour les plantes une cause de longévité.

A côté des dragonniers qui, malgré le développement gigantesque de leurs « faisceaux vasculaires définis, » doivent, d'après les parties florales, être rangés dans la même famille que l'asperge et les bignaces des jardins, se place l'*adansonia* ou arbre à pain de singes, autrement appelé baobab, qui appartient sans contredit aux plus grands et aux plus anciens habitants de notre planète... La plus ancienne description de ces arbres date de l'année 1454 ; c'est celle du Vénitien Louis Cadamosto, dont le nom véritable était Aloïse de Cada-Mosto. Il trouva à l'embouchure du Sénégal, où il se joignit à Antoniotto Usodimare, des troncs dont il évalua le circuit à 17 toises, c'est-à-dire environ 33 mètres. Il put les comparer avec les dragonniers qu'il avait vus auparavant. Perrotet dit avoir trouvé des baobabs de 10 mètres de diamètre.

Nous n'insisterons pas sur cet arbre, au sujet duquel nous avons déjà entretenu nos lecteurs, et nous tournerons nos regards du côté des autres grands végétaux.

Dans son voyage à la Nouvelle-Calédonie, de 1863 à 1866, M. J. Garnier a vu des banians (*ficus prolisca*) qui mesuraient jusqu'à 15 mètres de circonférence, et dans l'intérieur desquels habitaient des familles entières. C'est, dit-il, un des plus remarquables monuments naturels que l'on puisse voir.

Il est arc-bouté de tous côtés par de nombreuses racines adventives, rectilignes, d'un diamètre de 10
centimètres : quelques-unes, partant du tronc de
l'arbre à une hauteur de 4 à 5 mètres, vont s'en-
foncer dans la terre à 5 ou 6 mètres de distance du
pied de l'énorme tronc, de sorte qu'une troupe nombreuse pourrait circuler tout alentour en passant
sous ses racines. L'écorce de cet arbre sert aux indigènes à fabriquer une étoffe à laquelle se rattachent
certaines idées superstitieuses. A l'abri de ses vastes
rameaux, leurs prêtres accomplissent des cérémonies
religieuses.

Au nombre des régions remarquables par l'aspect
des végétaux qu'elles produisent, mentionnons en
passant l'île de Tahiti, la reine de l'Océanie.

Sans garder pour cette heureuse contrée le titre
peut-être trop beau de Nouvelle-Cythère qui lui
fut donné par Bougainville, et sans représenter la vie
de ses habitants sous des couleurs aussi riantes que
Bernardin de Saint-Pierre, nous constaterons qu'au
point de vue de notre sujet, les régions de la mer du
Sud méritent le premier rang. Les productions naturelles qui les enrichissent les placent au-dessus de
toute rivalité.

A Tahiti surtout le règne végétal est admirable.
Sur toute la côte, dit M. Prat, croissent en abondance
l'*artocarpus incisa*, l'arbre à pain de Forster, le bananier, le cocotier ; l'*inocarpus edulis*, dont le fruit
rappelle la châtaigne : le *Spondius cycherea*, pomme

de Cythère ; le *Pandanus odoratissima* ; le *Brousso-netia papyrifera*, mûrier à papier ; le *Piper methys-ticum*, etc. L'intérieur de l'île possède des mimosas, des bambous d'une grosseur prodigieuse et des pal-miers. Sur les flancs des montagnes se développent dans toute leur beauté ces grandes fougères arbores-centes, si recherchées par tous les botanistes ; l'a-nanas, la mangue, l'avocat, viennent très bien à Tahiti. La plupart de nos légumes d'Europe ont réussi ; on y a même tenté la culture de la vigne et on a obtenu quelques grappes. La vanille y donne d'assez beaux résultats. Le caféier et la canne à sucre constitueraient sans contredit pour ce pays deux branches commerciales très importantes, au succès desquelles s'opposent trois choses inhérentes au pays même, à savoir : l'indolence des indigènes, le prix excessif de la main-d'œuvre, et l'existence dans presque toute l'île du goyavier, dont les racines ont envahi les meilleurs terrains.

C'est dans l'île de Van-Diémen que l'on a trouvé les plus grands arbres du monde. On les nomme dans le pays, gommiers des marais : ce sont proba-blement des eucalyptus. Un de ces arbres mesuré donna les dimensions suivantes : hauteur, 270 pieds, 200 pieds des racines aux premiers embranche-ments ; à sa base, 28 pieds de diamètre. Placé contre le Panthéon, cet arbre le dépasserait donc encore de 11 mètres ; contre les tours Notre-Dame, *il s'élè-verait encore de 24 mètres au-dessus.*

Un autre gommier accusa 31 mètres de circonférence; à un mètre au-dessus du sol, il fallait vingt hommes pour l'embrasser.

La quantité de bois fournie par un de ces colosses est prodigieuse. Le premier dont nous venons de parler ne pesait pas moins de 446 886 kilog. C'est le poids qui résulte du cubage.

Ces arbres sont les colosses du monde végétal; ils sont auprès des chênes et des tilleuls ce que les cachalots et les baleines sont auprès des éléphants et des hippopotames.

C'est à l'énormité de leur tête, toute couverte d'un feuillage épais et verdoyant, que ces arbres doivent leur dénomination. Cette famille de végétaux balsamiques donne des gommes très estimées, des bois de teinture, ainsi que des bois d'ébénisterie et de construction recherchés. Parmi les eucalyptus il est encore une espèce si grande, qu'on l'a nommée la gigantesque.

Ils passaient pour les plus élevés du globe, jusqu'au jour où les explorations en Californie en révélèrent de plus majestueux encore. Les baobabs colossaux dont nous avons parlé sont merveilleusement dépassés par ceux-ci.

LES ARBRES GÉANTS EN CALIFORNIE

La Californie paraît être la terre des grands végétaux comme elle est la terre des grands trésors. A quinze milles de French-Gueh, on rencontre les mammouths du règne végétal. Il y a notamment une localité, non loin des canaux qui vont du Stanislas aux mines du comté de Calaverus, où se dressent ces colosses, au nombre de quatre-vingt-douze, sur une superficie de 50 hectares. C'est une espèce de cèdres qui s'élèvent droits comme des colonnes. Ils ont 100 mètres de haut et 50 de circonférence ; les branches commencent à environ 40 mètres du sol, elles sont peu nombreuses, mais le sommet est couvert d'un joli feuillage. D'après les déductions tirées d'un des plus beaux et des plus rares de ces arbres, abattu en 1855, et dont une branche a été analysée, il n'a pas fallu moins de quatre mille ans pour que ces arbres aient atteint un tel développement. Parmi les arbres abattus à cette époque, on a mesuré l'un des plus remarquables, dont la hauteur fut trouvée de 450 pieds et la circonférence de 42 mètres. En tombant, le géant s'est rompu à 500 pieds, et là il mesurait encore 18 pieds de diamètre.

Ces cèdres sont entourés de cyprès et de pins qui ont plus de 200 pieds de haut et un diamètre de 20 à 25 pieds.

Le bois auquel appartiennent ces arbres géants se nomme *bosquet du Mammouth ;* il est situé dans une petite vallée, à la source de l'un des tributaires de la rivière Calaverus. En arrivant à Murphy, le voyageur se trouve à quinze milles de ce bois célèbre. En quittant cette localité, si l'on monte graduelle-

Les arbres géants de la Californie.

ment, en serpentant, à travers une splendide forêt de pins, de cèdres, de sapins entremêlés de temps à autre de beaux chênes, on arrive dans la vallée, distante de Sacramento de quatre-vingt-quinze milles, et de Stockton de quatre-vingt-cinq.

Cette vallée vraiment merveilleuse contient environ 160 acres de terre, et l'on estime qu'elle est située à 4000 pieds au-dessus du niveau de la mer. Pendant les mois d'été, elle jouit d'un climat délicieux, tout à fait exempt des étouffantes chaleurs des basses terres; la végétation y est constamment fraîche et verte, tandis que l'eau, pure comme le cristal, est presque aussi froide que la glace. La position respective des arbres a fait donner à chacun d'eux des noms particuliers, tels que le Mari et la Femme, parce qu'ils s'appuient l'un sur l'autre; Hercule, arbre tombé, qui pourrait fournir 72,500 pieds de charpente; l'Hermite, à cause de sa position isolée au milieu des autres; la Mère et le Fils; le groupe des Jumeaux Siamois, etc. Ces arbres ont tous une circonférence d'au moins 55 à 60 pieds, et une hauteur qui n'est presque jamais moindre de 300 pieds.

Plusieurs d'entre ces colosses du règne végétal ont été trouvés âgés de quarante et cinquante siècles. L'un des arbres tombés était si gros, que lorsqu'on en eut transporté l'écorce à San Francisco, on a pu la rétablir dans sa forme circulaire primitive, et dans le vide qu'elle formait, placer un piano, donner un bal à plus de vingt personnes et en installer cinquante sur des sièges. On s'amusa aussi à y disposer un petit bazar. L'un des cèdres géants de la Californie ayant été intégralement transporté à Londres, parties par parties, on l'a reconstitué au palais de Cristal, où chacun peut se convaincre *de visu* de la taille gigantesque de ces végétaux. Nous figurons le plus gros de ces cèdres, celui que les Américains ont surnommé le *Père de la forêt*. On l'a représenté tel qu'il est, d'après le croquis pris sur la terre aurifère.

Cet arbre gigantesque est encore connu sous le nom significatif d'arbre mammouth. Il fut trouvé, dit le botaniste Müller, par Lobb, sur la Sierra-Nevada, à une hauteur de 5000 pieds, vers les sources du fleuve Stanislas et Saint-Antoine. Il appartient à la famille des conifères et atteint une hauteur de 250 à 320 pieds. Des renseignements plus récents lui donnent même une hauteur de 400 pieds. Proportionnellement à celle-ci, son diamètre aurait l'importante dimension de 10 à 20 pieds, et d'après de nouveaux renseignements, de 12 à 31 pieds. L'écorce, qui comporte 18 pouces d'épaisseur, est d'une couleur de cannelle, et possède intérieurement une contexture fibreuse, tandis que la tige est au contraire d'un bois rougeâtre, mais mou et léger. Cela nous rappelle que le bois du baobab non plus n'est pas dur, bien qu'il soit cependant un des plus anciens colosses du monde. On rencontre environ 90 de ces arbres sur une circonférence d'un mille. Pour la plupart, ils sont groupés par deux ou trois sur un sol fertile, noir, arrosé par un ruisseau. Les chercheurs d'or eux-mêmes leur ont accordé leur attention. Aussi l'un de ces arbres porte chez eux le nom de Miners' Cabin, et possède une tige de 300 pieds de hauteur dans laquelle s'est pratiquée une excavation de 17 pieds de largeur. Les « Trois-Sœurs » sont des individus issus d'une seule et même racine. La « Famille » se compose d'un couple d'ancêtres et de 24 enfants. « L'École d'équitation » est un gros arbre renversé et creusé par le temps, dans la cavité duquel on peut entrer à cheval jusqu'à une distance de 75 pieds. Il est étonnant que de semblables monuments végétaux aient pu nous demeurer si longtemps inconnus.

Les explorateurs rencontreront-ils un jour des arbres plus volumineux encore? C'est ce dont il est permis de douter. Quant à présent, fermons notre monographie sur les géants du monde végétal.

La mandragore.

INTERMEDE

LA MANDRAGORE

Les habitants des campagnes connaissent encore, par tradition, l'effroi que le seul nom de cette plante velue produisait chez nos aïeux. C'était un végétal tenant à l'*être humain* par quelques liens, et les ouvrages de magie si nombreux et tant accrédités au moyen âge professaient unanimement pour elle une sorte de culte. Théophraste l'appelle : anthropomorphose; — Columelle : semi-homo; — Eldal : l'arbre à la face d'homme; — les traditions populaires : petit homme planté, etc. Elle entrait dans la composition des philtres, dans celle des maléfices et des recettes diverses dues à la sorcelleric. Elle a même offert à certains un aspect surnaturel des plus prononcés. Le P. Joseph-François Lafiteau émet l'opinion que les éléphants rencontrent la mandragore sur la route du paradis terrestre.

Elle était précieuse pour celui qui la possédait, et influait heureusement sur sa destinée; mais certains maléfices rendaient son extraction périlleuse. Quand on l'arrachait de terre, ce petit homme planté poussait des gémissements. Il fallait la cueillir sous un gibet, avec l'observance de rites particuliers; c'est en de certaines conditions seulement qu'elle jouissait de toutes ses pro priétés. Le meilleur procédé, il paraît, était de la faire arracher par un chien; on l'enveloppait ensuite dans un linceul. Dès lors, des vertus merveilleuses y étaient attachées : l'une des plus désirées, c'était de doubler les pièces de monnaie que l'on enfermait avec elle.

Cette plante appartient à la famille des solanées et son nom scientifique est *Atropa mandragora*. C'est une plante vénéneuse; elle croît dans les bois ombreux, au bord des rivières, dans ces lieux mystérieux où les rayons du soleil ne pénètrent point. La racine est épaisse, longue, blanchâtre en dehors, quelquefois partagée en deux parties. Des feuilles ovales, ondulées, couronnent cette racine et s'étalent en rond sur la terre; ses fleurs blanches sont légèrement teintes de pourpre; son fruit, semblable à une petite pomme, est d'une odeur fétide, comme la plante tout entière. C'est principalement la bifurcation de sa racine qui l'a fait comparer à un petit corps humain.

A la *mandragore* d'Europe, nous devons adjoindre le *gin-seng* de Tartarie, découvert au Canada en 1616 par le P. Lafiteau, et présenté par lui au duc d'Orléans, alors régent du royaume de France. Voici en quels termes il raconte sa découverte :

« Ayant passé près de trois mois à chercher le Gin-seng inutilement, le hasard me le montra quand j'y pensais le moins, assez près d'une maison que je faisais bâtir. Il était alors dans sa maturité. La couleur vermeille de son fruit arrêta ma vue. Je ne le considérai pas longtemps sans soupçonner que ce pouvait être la plante que je cherchais. L'ayant arrachée avec empressement, je la portai, plein de joie, à une sauvagesse que j'avais employée pour la chercher de son côté. Elle la reconnut d'abord pour l'un de leurs remèdes ordinaires, dont elle me dit sur-le-champ l'usage que les sauvages en faisaient. Sur le rapport que je lui fis de l'estime qu'on en faisait à la Chine, elle se guérit dès le lendemain d'une fièvre intermittente qui la tourmentait depuis quelques mois. Elle n'y fit point d'autre préparation que de boire l'eau froide où avaient trempé quelques-unes de ces racines brisées entre deux pierres. Elle fit depuis deux fois la même chose, et se guérit chaque fois dès le même jour.

« Ma surprise fut extrême quand sur la fin de la lettre du P. Jartoux, entendant l'explication du mot chinois qui signifie *Ressemblance de l'homme*, ou, comme l'explique le traducteur du P. Kircher, *Cuisses de l'homme*, je m'aperçus que le mot iroquois *Garent-oguen* avait la même signification. En effet, Garent-oguen est un mot composé d'*orenta*, qui signifie les cuisses et les jambes, et d'*oguen*, qui veut dire deux choses séparées. Faisant alors la même réflexion que le P. Jartoux sur la bizarrerie de ce nom, qui n'a été donné que sur une ressemblance fort imparfaite qui ne se trouve point dans plusieurs plantes de cette espèce, et qui se rencontre dans plusieurs autres d'espèce fort différente, je ne pus m'empêcher de conclure que la même signification n'avait pu être appliquée au mot chinois et au mot iroquois sans une communication d'idées, et par conséquent de personnes. Par là je fus confirmé dans l'opinion que j'avais déjà, et qui est fondée sur d'autres préjugés, que l'Amérique ne faisait qu'un même continent avec l'Asie, à qui elle s'unit par la Tartarie au nord de la Chine.

« Quand j'eus découvert le Gin-seng, il me vint en pensée que ce pouvait être une espèce de mandragore. J'eus le plaisir de voir que je m'étais rencontré sur cela avec le P. Martini, qui dans l'endroit que j'ai cité, et qui est rapporté par le P. Kircher, parle en ces termes : « Je ne saurais mieux représenter cette racine, qu'en disant qu'elle est presque semblable à notre mandragore, hormis que celle-là est un peu plus petite, quoiqu'elle soit de quelqu'une de ses espèces. Pour moi, ajoute-t-il, je ne doute point du tout qu'elle n'ait les mêmes qualités et une pareille vertu, puisqu'elle lui ressemble si fort et qu'elles ont toutes deux la même figure. »

« Si le P. Martini a eu raison de l'appeler une espèce de mandragore à cause de sa figure, il a eu tort de l'appeler ainsi à cause de ses propriétés. Nos espèces de mandragore sont narcotiques, rafraîchissantes et stupéfiantes. Ces qualités ne conviennent point du tout au Gin-seng. Cependant l'idée du P. Martini, que j'ai vue justifiée ailleurs, m'a donné envie de pousser plus loin ma recherche. En effet, ayant trouvé que notre mandragore d'aujourd'hui, d'un commun sentiment, n'était pas la mandragore des anciens, j'ai cru qu'en cherchant un peu, et qu'en comparant le Gin-seng avec ce que les anciens ont dit de leur mandragore, on pourrait soutenir que c'est l'ἄνθρωπομορφος de Pytagore et la mandragore de Théophraste. Ce que j'en dis pourtant est moins pour donner mes conjectures pour des certitudes, que pour les soumettre aux savants et leur donner lieu de pousser plus loin leurs recherches.

« Voici donc comme je raisonne : Théophraste est le premier des auteurs anciens qui ait décrit des plantes. Théophraste nous fait la description d'une mandragore qui ne nous est point connue; il est évident aussi qu'il ne connaissait point celles que nous connaissons aujourd'hui, du moins sous ce nom-là : de là on pourrait conclure que celle de Théophraste s'est perdue et qu'on lui en a substitué une autre.

« Il est facile d'expliquer comment la mandragore des anciens a pu s'être perdue. Premièrement : elle aura été sans doute d'une grande recherche dans les premiers temps, à cause de ses effets singuliers,

Racines de mandragores façonnées.

qui étaient bien connus dans l'antiquité. Secondement, la difficulté que cette plante avait à se multiplier l'aura rendue rare; il est probable qu'elle ne se trouvait que dans les forêts. Le pays s'étant dans la suite découvert et les racines en ayant été arrachées avant la maturité de leurs fruits, la plante aura été en peu de temps épuisée.

« La mandragore des anciens étant ainsi perdue, on lui en aura substitué une autre à raison de quel-

que rapport commun à l'une et à l'autre. Nos mandragores ont des racines qui ont quelque ressemblance avec le corps de l'homme depuis la ceinture
jusqu'en bas; leurs semences sont blanches et ont
la figure d'un petit rein; c'est sans doute ce qu'elles
ont de commun avec la mandragore et cela se
trouve parfaitement dans le Gin-seng. »

Nymphéacées.

DEUXIÈME PARTIE

CHAPITRE I

LES FLEURS

Se proposer de décrire les fleurs merveilleuses, c'est se proposer de présenter la flore entière du globe, car en vérité, les fleurs de toute forme, de toute nuance, de toute grandeur, sont chacune un type merveilleux, soit à un titre, soit à un autre. Aussi, pour se tracer un programme réalisable, doit-on se borner d'abord à quelques vues d'ensemble, destinées à rassembler sous un même coup d'œil les beautés générales du monde de Flore, en-

15

suite à faire choix de quelques types spéciaux, desti-
nés à mettre en relief certains aspects des merveilles végétales.

La terre est un vaste jardin, disait L.-C. Des-
préaux, jardin parsemé de fleurs qui répandent
un charme singulier sur tout le domaine de
l'homme. Par leur succession, suivant l'ordre de
l'année, elles nous donnent une superbe fête,
composée de décorations qui se suivent dans un
ordre réglé. Vous avez vu d'abord la perce-neige
sortir de la terre; longtemps avant que les arbres
se hasardassent à développer leurs feuilles, elle
osa se montrer, et, de toutes les plantes, elle fut
la première et la seule qui charma les yeux de l'a-
mateur empressé. Ensuite parut la fleur de safran,
mais timide parce qu'elle était trop faible pour résister à l'impétuosité des vents. Avec elle se montrèrent l'aimable violette et la brillante primevère.
Ces plantes et quelques autres sur les montagnes
faisaient l'avant-garde de l'armée des fleurs, et
leur arrivée, si agréable par elle-même, avait encore le mérite de nous annoncer la venue pro-
chaine d'une multitude de leurs aimables compagnes.

En effet, nous voyons après elles se montrer avec
ordre les autres enfants de la nature; chaque mois
étale les ornements qui lui sont propres. La tulipe
commence à développer ses feuilles et ses fleurs.
Bientôt la belle anémone formera un dôme en

s'arrondissant; la renoncule déploiera toute sa magnificence et charmera nos yeux par l'heureuse distribution de ses couleurs. Les couronnes impériales, les narcisses à bouquets, le muguet, le lilas, l'iris et la jonquille, s'empressent à décorer les parterres. Dans le lointain, les arbres fruitiers mélangent les couleurs les plus tendres avec la verdure naissante, et relèvent de toutes parts la beauté des jardins.

J'aperçois en même temps se développer le feuillage des rosiers, pour tenir le premier rang parmi l'aimable troupe des fleurs; leur reine va s'épanouir et étaler tous les agréments qui la distinguent. Il n'est personne qui ne soit touché des charmes qu'elle offre à nos regards. Qui peut, sans éprouver une douce émotion, voir une rose entr'ouverte aux rayons du soleil levant, toute brillante des gouttes de rosée dont elle est chargée et mollement agitée sur sa tige légère par le vent frais du matin! Les lis, les juliennes, les giroflées, les thlaspis, les pavots accourent aux ordres de l'été, et l'œillet se montre avec toutes les grâces qui lui sont propres.

L'automne présente ensuite les pyramidales, les balsamines, les soleils, les tubéreuses, les amarantes, l'œillet d'Inde, les colchiques et cent autres espèces. La fête continue sans interruption : celui qui y préside offre sans cesse de nouvelles beautés, et, par d'agréables et perpétuels changements, prévient l'uniformité. Enfin le triste hiver, ramenant les frimas, couvre d'un rideau toute la nature et vous en dérobe le spectacle : mais, en même temps qu'il nous fait souhaiter le retour de la verdure et des fleurs, il commence le travail intérieur en action dans la terre.

Arrêtons-nous ici, avec Louis Cousin, et réfléchissons sur les vues de sagesse et de bienfaisance qui se manifestent dans cette succession... Qu'elles sont belles, les couleurs qui se réunissent sous nos yeux ! que leur mélange est gracieux et diversifié ! quel artifice admirable dans la distribution de ces nuances ! Là, c'est un pinceau léger qui semble avoir appliqué les couleurs ; ici, elles sont mélangées selon les règles les plus savantes de l'art. Il semble que la couleur du fond soit toujours choisie de manière à faire ressortir le dessin qui y est tracé, que le vert qui entoure la fleur, ou l'ombre qu'y répandent ses feuilles serve encore à donner à l'ensemble une nouvelle vie, et que les fleurs destinées à être vues de près aient été peintes avec soin, et, pour ainsi dire, en miniature. La nature en a travaillé d'autres à plus grands traits, ou d'une manière plus simple : ce sont celles des arbrisseaux à fleurs.

Pour faire de la création un théâtre de merveilles, Dieu n'a pas besoin de pénibles préparatifs. Les éléments les plus communs prennent, sous sa main, les formes les plus belles et les plus variées. L'eau et l'air s'insinuent dans les canaux des plantes : ils se filtrent par cette suite de canaux transparents, et cela seul opère, sous l'influence de la lumière, toutes les beautés qu'on admire dans le règne végétal. On contemple avec satisfaction, et on ne se lasse point d'admirer comme l'effet d'une profonde sagesse un ouvrage qui, avec autant de variété dans ses parties, est cependant si simple eu égard à sa cause, et où l'on voit qu'une multitude d'effets dépendent d'un seul ressort, qui agit toujours de la même manière.

C'est là un des effets les plus merveilleux qui distinguent les œuvres de Dieu, où l'empreinte d'une puissance infinie est toujours visible, des ouvrages faits de la main des hommes, où l'on remarque toujours le terme où s'arrête la capacité de l'être fini.

« Dans la fleur, écrit F.-A. Pouchet[1], ce pompeux et suprême effort de la vie végétale, la poétique imagination de Linné ne voyait que le tableau d'un chaste hyménée. Parmi les végétaux qui se décorent de fleurs apparentes, celles-ci nous offrent une infinie variété pour la feuille, la forme, la coloration et le parfum.

« Si quelques plantes, telles que les Valérianes, portent de si petites corolles, qu'on les distingue à peine, déjà les lis nous en offrent de grandes et magnifiques, qui séduisent tous les regards ; et cer-

---

[1] *L'Univers*, II, ch. II.

tains végétaux exotiques les laissent bien loin d'eux sous ce rapport. La fleur d'une Aristoloche, qui croît sur les bords de la Madeleine, présente la forme d'un casque à grands rebords. L'ouverture en est tellement ample, qu'elle peut admettre la tête d'un homme ; aussi de Humboldt rapporte-t-il qu'en voyageant le long de cette rivière, il rencontrait parfois des sauvages coiffés de cette fleur en guise de chapeau.

« Mais c'est à la surface des fleuves que s'étalent toutes les pompes de la végétation. La nature ne nous offre aucune fleur qui, pour la taille et le gracieux coloris, puisse être comparée à celle des Nymphéas et des Nélumbos. De tout temps, ces merveilleuses plantes ont attiré l'attention de l'homme, et sont devenues l'objet de son admiration. L'art en a fait le plus splendide emploi, et les mythes anciens en ont tiré leurs plus délicates et leurs plus gracieuses conceptions. Dans la mythologie et l'art égyptien, elles jouent même un rôle immense. Sur les monuments indous, c'est la fleur du nélumbo qui sert de siège à Brama lorsqu'il est représenté assis et tenant dans ses mains les Védas sacrés.

« La poésie a épuisé toutes ses ressources en parlant du parfum et du coloris des fleurs. La nature a débordé l'art ; et la palette d'Apelles et de Rubens ne pourrait en reproduire toutes les magnificences. Une seule couleur fait défaut au milieu de cette multitude de teintes variées : c'est le noir. Quelques corolles sont, il est vrai, d'un pourpre sombre, mais le noir absolu ne s'observe jamais sur cet organe.

« Il se passe, au sujet de la coloration des fleurs, un phénomène dont on a beaucoup parlé, c'est celui de sa mutabilité. Pallas, en explorant les bords du Volga, remarquait avec étonnement qu'une espèce d'anémone, l'*anemone patens*, portait tantôt des fleurs blanches, tantôt des fleurs jaunes et tantôt des fleurs rouges. Ce phénomène encore inexpliqué avait paru tellement anormal qu'on le mentionnait souvent. Il est cependant assez commun, et sans affronter un si long voyage, nous pouvons l'observer en France.

« Le mouron des champs, si abondant dans nos campagnes, nous l'offre fréquemment. Ordinairement sa fleur est d'un rouge de vermillon, mais souvent aussi elle est d'un magnifique bleu de ciel, ce qui avait fait croire à certains botanistes que c'étaient deux espèces différentes.

« Une jolie petite plante du genre myosotis, que l'on rencontre dans nos terrains arides, varie encore plus extraordinairement sa coloration, car c'est sur la même tige que l'on trouve à la fois des fleurs rouges, des jaunes et des bleues ; particularité à laquelle cette espèce doit le nom de myosotis diversicolore qu'on lui a imposé.

« D'autres végétaux présentent encore un phénomène beaucoup plus remarquable ; c'est la même fleur qui change de couleur à différentes époques de la journée. Tel est l'*Hubiscus mutabilis*, dont les corolles sont blanches le matin, deviennent roses vers le milieu du jour, et le soir prennent enfin une teinte d'un beau rouge.

« La mutabilité successive des teintes des corolles se conçoit facilement; elle peut dépendre de l'action vitale ou des réactions chimiques; mais ce qui ne s'explique que bien plus difficilement, ce sont les fleurs qui, après avoir offert une certaine série de colorations durant la journée, reprennent celles-ci tour à tour le lendemain. Cela s'observe sur le glaïeul diversicolore, dont la corolle, brune le matin, devient bleue le soir, et le lendemain reprend exactement la succession des teintes qu'elle présentait la veille.

« Combien aussi le parfum des fleurs ne possède-t-il pas de variétés! Et cependant, malgré ses mille et mille nuances, avec des sens exercés, nous reconnaissons celui de chaque espèce. On raconte même, dans quelques ouvrages, qu'une jeune Américaine, devenue absolument aveugle, en se guidant seulement à l'aide de l'odorat, herborisait au milieu des prairies émaillées d'une végétation luxuriante, et, dans sa moisson, ne commettait jamais aucune erreur. »

Boufflers a traduit, de Mme Helena Williams, un gracieux sonnet sur le Calebassier, qui mérite de couronner un premier chapitre sur les fleurs :

> Toi qu'on voit dans les airs suspendre un beau feuillage,
> Dont le soleil encor rehausse les couleurs,

Tandis qu'aux malheureux couchés sous ton ombrage
Ton riche fruit présente un suc consolateur !

Quand je porte vers toi mes pas involontaires,
Je sens parmi tes fleurs mon chagrin endormi.
Ton ombrage invitant et tes fruits salutaires
Offrent à mon esprit l'image d'un ami.

Tu me peins l'amitié, qui soigneuse et discrète,
Travaille à refermer les blessures du cœur
Et, d'un mal incurable émoussant la douleur,

Verse un baume secret sur la peine secrète.
Je sais trop que le baume est peu sûr ; mais hélas !
Il adoucit du moins ce qu'il ne guérit pas.

Orchidée.

CHAPITRE II

[LES ORCHIDÉES

Ce n'est pas aux caprices des amateurs que les orchidées doivent leur précieuse valeur et leur célébrité; elles justifient cette prédilection non seulement par leur beauté et leur singularité, mais encore par les difficultés que les explorateurs ont à vaincre pour les rapporter des forêts vierges intertropicales, et par les soins et le talent qu'elles réclament des horticulteurs pour vivre acclimatées.

Et d'abord parlons de leur beauté et de leur singularité. Dans ces plantes bizarres on rencontre en effet des caractères opposés à ceux de toutes les autres plantes. Elles vivent en parasites, soit sur l'écorce des grands arbres des forêts de l'équateur : ce sont les orchidées épiphytes; soit aux dépens du sol : ce sont les orchidées terrestres. Les premières — et ce sont les plus nombreuses — suspendent aux voûtes ombreuses formées par les grands arbres des tropiques, des guirlandes d'une richesse incomparable.

Sous les tropiques, dit A. de Humboldt (*Tableau de la nature*, livre IV), les orchidées animent les troncs d'arbres noircis par les rayons brûlants du soleil et les fentes des rochers sauvages. Entre ces végétaux, les vanilliers se distinguent par leurs feuilles charnues, d'un vert clair, par la couleur variée et la structure singulière de leurs fleurs. Les fleurs des Orchidées ressemblent tantôt à des insectes ailés, tantôt aux oiseaux qu'attire le parfum des nectaires. La vie d'un peintre ne suffirait pas pour reproduire, en se bornant même à un étroit espace de terre, les magnifiques orchidées qui ornent les vallées profondes des Andes du Pérou.

A l'opposé des parasites ordinaires, elles enrichissent leur propriétaire. Des fleurs aux nuances brillantes, diversifiées à l'infini, décorent les hautes branches des arbres, et répandent dans l'atmosphère des parfums d'une enivrante suavité. Elles poussent de haut en bas, contrairement aux autres fleurs, et semblent des êtres purement aériens, dont les racines mêmes se nourrissent dans l'atmosphère. La richesse des couleurs et des parfums qu'elles répandent dans les forêts est telle, que non seulement les Européens les admirent et les apprécient, mais encore les peuplades sauvages, qui revêtent de leurs magnifiques tapis les huttes de leurs villages.

Un autre caractère particulier à ces fleurs singulières, et non moins remarquable, c'est que, comme leur patrie originaire elles ne connaissent pas le mouvement des saisons et ne suivent pas dans leur vie une marche régulière et successive. Elles fleurissent capricieusement, sans époque fixe, et peuvent constamment offrir leur coloris et leur parfum. De plus, leur floraison se prolonge souvent deux ou trois fois au delà du temps ordinaire. Le possesseur d'une collection un peu nombreuse peut donc offrir à toute époque de l'année un certain nombre de ces végétaux en fleurs. Il va sans dire que si les orchidées ne suivent pas le cours des saisons, il importe de ne pas le leur faire sentir, et de les tenir constamment dans une serre chaude à égale température. Plus que mille autres espèces de plantes, elles réclament des soins minutieux, intelligents et permanents.

L'orchidée que représente notre dessin est un *acinctum*, plante nouvellement introduite en France, et fort rare encore dans les serres les plus opulentes. La tige florale est dirigée de haut en bas, comme celle des *dendrobium*, des *serides* et des *stanhopæa*; la plante vit en parasite sur un arbre et ses fleurs pendent en guirlandes le long du tronc.

Ces plantes sont encore d'une telle rareté en Europe, que pour les obtenir, certains riches amateurs ont payé des sommes fabuleuses. Il est inutile de dire que lesdits riches étaient des Anglais. Parmi ces nobles acheteurs on met en première ligne le duc de Devonshire qui, il y a une dizaine d'années, visitant les serres de M. Henderson, fut frappé de la beauté d'un orchidée cattlega. Le duc n'était pas seul; une jeune dame de ses parentes, passionnée pour les fleurs, l'accompagnait, et la contemplation de la belle cattlega la ravissait en extase. Sur le refus timide mais constant du propriétaire, qui ne voulait à aucun prix se dessaisir d'une plante unique en Europe, le duc lui tendit un portefeuille garni de billets de banque, et l'horticulteur ne put s'opposer à la gracieuseté du duc pour sa compagne. Le portefeuille contenait quelques milliers de francs.

SCROPHULARINÉES

Cette fleur élégante et gracieuse est l'Antirrhinum grec de la famille des scrophularinées (quels vilains noms pour de si jolies choses!). Peu de plantes pourraient rivaliser avec elle pour l'élégance et la légèreté. Elle est originaire de la Morée; il semble que ce soit une plante de l'air, affranchie de la pesanteur et de la grossièreté des choses qui appartiennent à la terre. Elle fleurit en été, et reste épanouie pendant plusieurs semaines; les fleurs, d'un jaune vif, sont très nombreuses, et disposées en grappes; ses feuilles, finement découpées, sont alternantes· ses tiges sont grêles et harmonieusement entrelacées.

A cette famille riche et variée appartiennent encore de charmantes petites plantes qui font la parure de nos jardins, et dont quelques-unes sont douées de propriétés médicales très intenses. Telles sont : la véronique, plante amère; le bouillon blanc; la gratiole, âcre et astringente; la digitale, récemment mise en évidence par ses propriétés funestes lorsqu'on ne l'emploie pas à une dose infiniment petite; la mélampyre, la pédiculaire, la scrophulaire, le paulownia, fleurs et arbustes remarquables par leur beauté et leur élégance. Suivant les espèces, les fleurs sont tantôt solitaires, tantôt réunies en cimes, en grappes ou en épis.

Outre l'antirrhinum grec, que nous représentons, on remarque d'autres espèces non moins dignes d'intérêt, ce sont : la gueule de loup (*A. majus*), le muflier des champs (*A. arantium*) et l'arbuste d'orangerie aux feuilles longues et fines (*A. angustifolium*).

Les Yuccas.

CHAPITRE III

YUCCA FILAMENTOSA. — YUCCA ALOIFOLIA
YUCCA GLORIOSA

Ces belles plantes, véritables palmiers de nos jardins, sont maintenant au nombre des plus recherchées par les amateurs d'horticulture. L'Amérique est leur patrie, et l'Europe ne les possède que depuis fort peu de temps. Parmi les caractères remarquables qui appartiennent à ces plantes, nous citerons en particulier leurs feuilles papyracées, sur lesquelles on peut dessiner et peindre comme sur le papier ordinaire, qui sont plus épaisses, plus fermes et plus veloutées, et dont on peut se servir avec avantage pour certaines œuvres d'art, pour des ornements légers, pour les corbeilles et les fleurs artificielles.

La nature de ces plantes nous rappelle l'une des plus belles pages du journal de l'illustre naufragée Marguerite Fuller, où la sensibilité s'unit à l'impression vraie qui résulte de l'observation de la nature. Il s'agit d'un homme auquel il était interdit de vivre dans la société des autres hommes, et qui, semblable au prisonnier de Fénestrelle, dans la touchante histoire de *Picciola*, avait donné toute sa sympathie à la nature, aux animaux et aux plantes. Nous laisserons parler cet homme lui-même, causant de ses fleurs aimées. Son discours nous apprendra plus que des pages de botanique sur cette fleur en particulier et sur les plantes en général.

« J'avais, dit-il, conservé pendant six ou sept ans deux *yucca filamentosa*, sans qu'ils eussent jamais fleuri. Je ne connaissais pas les fleurs de cette plante, et n'avais nulle idée des sensations qu'elles éveillent. Au mois de juin dernier, je découvris un bouton sur celle qui était le mieux exposée. Une ou deux semaines après, la seconde, plus à l'ombre, se mit aussi à boutonner. Je pensai que je pourrais les étudier et suivre leur floraison l'une après l'autre; mais non! celle qui était la plus favorisée attendit sa compagne, et toutes deux s'épanouirent ensemble, juste à l'époque de la pleine lune. Cette coïncidence me frappa d'abord comme bizarre; mais dès que je vis la fleur au clair de lune, je com-

Le Yucca.

pris. Cette plante est créée pour la lune comme l'héliotrope pour le soleil. Elle se refuse à toute autre influence, et ne déploie sa beauté à nulle autre lumière. La première nuit que je la vis en fleur, je ressentis une joie particulière, je puis même dire un ravissement. Une foule de fleurs blanches sont beaucoup plus belles au grand jour. Le lis, par exemple, avec ses pétales épais et fermes, d'un blan mat, a besoin de la grande lumière pour se manifester dans tout son éclat; mais les pétales transparents du yucca, d'un blanc verdâtre, qui le jour paraissent ternes, se fondent sous le regard de la lune en un argent lumineux, et non seulement la plante ne revêt pas de jour sa véritable teinte, mais la fleur qui, comme toutes les fleurs en cloche, ne peut se refermer tout à fait une fois qu'elle s'est ouverte, se contracte, se resserre à midi, penche ses petits fleurons, et sa haute tige ne semble se dresser que pour trahir une mesquine insignifiance. Les feuilles aussi, qui de nuit s'élancent d'un seul jet, et s'écartent, comme le palmier, en éventail pour faire place à la tige, paraissent, de jour, languissantes et incomplètes. Les bords en sont déchirés, inégaux, comme si la nature, impatiente de passer à une tâche plus agréable, n'y eût pas mis la dernière main. Le jour qui suivit la nuit où j'avais trouvé mes yuccas si beaux, je ne pouvais concevoir ma méprise. Mais le second soir, je retournai au jardin. Là, sous le plus suave clair de lune, s'épanouissaient mes chères fleurs, plus éclatantes que jamais. La tige perçait l'air comme une flèche, toutes les clochettes se groupaient autour d'elle dans l'ordre le plus gracieux, avec des pétales plus transparents que le cristal, et d'une lumière plus douce que le diamant; les contours en étaient nettement dessinés; on les eût crus modelés par les rayons mêmes de la lune. Ses feuilles qui, de jour, m'avaient paru déchiquetées, semblaient bordées des plus fines franges des fils de la Vierge. Je contemplai ma belle plante jusqu'à ce que mon émotion devint si forte, que j'aspirais à la faire partager. Une pensée me vint alors à l'esprit, c'est que cette fleur de la lune était le plus parfait symbole de la beauté, de la pureté féminine.

« J'ai eu depuis de fréquentes occasions d'étudier le yucca et de vérifier par l'observation ce qui m'avait été si poétiquement révélé : c'est que cette plante ne fleurit qu'à l'époque de la pleine lune et qu'il lui plaît de cacher ses charmes à l'œil brillant du jour, pour ne les révéler qu'à l'œil divin des nuits. »

Rafflesia Arnoldi.

CHAPITRE IV

NYMPHÉACÉES. — VICTORIA REGINA. — RAFFLESIA ARNOLDI

Le voyageur d'Orbigny, étant en exploration dans la république de Bolivia, à Corrientes, fut frappé de rencontrer sur les eaux des fleurs, des feuilles et des fruits d'un végétal gigantesque. Cette plante, qui est l'une des plus belles de l'Amérique, ressemble un peu aux nénufars. Elle paraît appartenir à la famille des nymphéacées. Les Guaranis lui ont donné le nom de Yrupé, par suite de son séjour habituel à la surface des eaux et de l'analogie de la forme de ses feuilles avec celle de grands plats. Qu'on se figure une vaste étendue couverte de feuilles arrondies flottant à la surface des eaux, toutes larges d'un à deux mètres, avec des fleurs tantôt violacées, tantôt jaunes, tantôt blanches, larges de plus d'un pied, répandant un parfum délicieux.

Ces fleurs produisent un fruit sphérique qui, dans sa maturité, est gros comme la moitié de la tête, et plein de graines arrondies très farineuses, — d'où les Espagnols ont appelé cette plante du nom de maïs des eaux. Les patriotiques Anglais, enthousiasmés de la beauté et de la rareté de ce colosse des fleurs, s'empressèrent de le baptiser du nom de leur souveraine.

Nous pouvons nous faire une idée de la nature de cette plante qui croît dans les rivières calmes, en nous rappelant notre beau nymphéa, notre lis des étangs; mais la première est dans des proportions gigantesques à côté de notre fleur indigène. Les larges disques des feuilles rondes, de cinq à six pieds de diamètre, sont de vastes plats d'odeurs. Leur pétiole est fixé intérieurement au centre. Elles sont lisses et vertes en dessus, avec un bord relevé de deux pouces tout autour comme celui d'un tamis ou d'un large plateau. En dessous, elles sont rougeâtres, gaufrées ou divisées en une foule de compartiments par les nervures, qui sont très saillantes et laissent entre elles des espaces triangulaires ou quadrangulaires, dans lesquels une certaine quantité d'air peut rester englobée, ce qui contribue à maintenir les feuilles à la surface de l'eau. Aussi, voit-on sou-

La Victoria Regina.

vent des oiseaux ou des insectes de toutes formes
venir se promener ou poursuivre leur proie sur ces
larges feuilles comme sur une planche solide.

Le pétiole de la racine au fond des eaux est tout
hérissé d'épines longues de neuf à dix lignes, ainsi
que les plus fortes nervures du dessous des feuilles,
le pédoncule et le calice de la fleur.

M. Schomburgh, qui découvrit cette fleur dans
la Guyane anglaise, indépendamment du voyageur
dont nous parlions tout à l'heure, s'arrête avec plaisir à la description de cette belle plante. Le calice
est formé de quatre feuilles d'un rouge brunâtre en
dehors et blanches en dedans, longues de six à sept
pouces et larges de trois. Sur ces feuilles du calice
s'étale circulairement et symétriquement un nombre
considérable de pétales, blancs d'abord, puis deve-
nant de plus en plus rouges à mesure que la fleur
approche de la maturité. Elle prend une couleur plus foncée au centre et finit par revêtir la
nuance de l'œillet; elle offre une grande analogie
avec notre nymphéa. Les pétales, dont on compte
plus de cent, passent insensiblement à la forme d'é-
tamines en se rapprochant du réceptacle central, qui
est charnu et contient des graines grosses et farineuses à sa surface.

Notre nymphéa indigène offre, à part la grandeur, un aspect aussi digne d'attention que le nymphéa exotique; il peut se comparer aux plus belles
plantes. Il suffira de faire remarquer, avec Castel,

qu'il est aussi éclatant et aussi étoffé que le lis. Vers sept heures du matin, cette fleur commence à sortir de l'eau, et à midi elle est élevée de trois pouces au-dessus de la surface. Sur les quatre heures du soir, elle fait ses préparatifs pour la nuit, se ferme, et rentre peu à peu dans son habitation aquatique, où elle demeure jusqu'au lendemain.

On trouve dans un mémoire de Ribaucourt des observations curieuses sur le développement des feuilles de cette plante, et sur les pronostics qu'on en peut tirer. Ce fut sans doute au moyen de quelques observations semblables, que Thalès donna autrefois une si noble leçon aux habitants de Milet. On lui reprochait que sa science était stérile, puisqu'elle ne lui produisait ni or ni argent. Pour réponse, le philosophe acheta avant la saison tous les fruits des oliviers qui étaient autour de la ville. Il avait prédit que l'année serait très abondante; elle le fut, et Thalès tira de son marché un profit considérable. Mais, content de prouver qu'un sage pouvait, comme un autre, arriver à la fortune, il distribua aux marchands de Milet la totalité de son bénéfice.

La feuille du nénufar sort du collet de sa racine dès les premiers jours d'automne; elle reste très petite et totalement roulée pendant cette saison et la suivante ; aux approches du printemps, elle commence à grandir et à se dérouler, et suit le cours de la saison progressive. Castel raconte que, se promenant avec un ami dans le courant de septembre 1788, le long d'un étang où se trouvaient beaucoup de nénufars, il fut surpris de ne plus voir aucune des feuilles hors de l'eau, ce qui n'a lieu d'ordinaire que vers la fin d'octobre. Il en augura que les gelées commenceraient incessamment, et que l'hiver pourrait être long. L'événement justifia cette prédiction.

Certaines formes végétales sont spécialement affectées à l'ornementation des différentes régions du globe terrestre. Les nymphéacées, flottant à la surface des eaux douces et tranquilles, charment dans le monde entier les yeux du rêveur et du paysagiste ; en Europe et dans l'Amérique du Nord, ce sont les nénufars blancs et jaunes ; en Afrique, les espèces à fleurs bleues ; dans les Indes, les euryales et les nelumbium.

Il y a en outre des formes végétales qui semblent affectionner plus spécialement certaines zones montagneuses et certaines expositions, et marquer en diverses contrées la région où elles se plaisent. Tels sont les rhododendrons, charmant arbrisseau au feuillage toujours vert, qui décore la région moyenne des versants ombreux, et que le touriste rencontre soit dans l'ancien monde, soit dans la moitié septentrionale du nouveau continent, fleurissant tantôt à la hauteur de 1000, 1500 ou 2000 mètres, comme sur les revers abrupts du Faulhorn, tantôt à 700, 400, 200 mètres seulement au-dessus du niveau de la mer, comme sur les belles rives du lac Majeur.

La belle fleur de cet arbuste vert laisse une impression qui fait songer aux montagnes, aux cimes élevées qui se perdent dans les nues. Elle caractérise en effet cette zone particulière qui sépare les bois des dernières prairies alpines, limites de la végétation dominées par la région des neiges éternelles. Le climat plus chaud des plaines ne convient pas à cette belle plante, et moins encore à sa sœur, le *rhododendron ponticum*, qui redoute les rayons trop ardents du soleil.

Rafflesia Arnoldi.

La plus grande de toutes les fleurs connues, la plus extraordinaire par l'importance de ses dimensions, est la fleur découverte en 1818 par le docteur Joseph Arnold, et décrite par sir Stamford Raffles, alors gouverneur de l'établissement de la Compagnie des Indes occidentales, à Sumatra.

C'est à la Société linnéenne de Londres que fut adressée la première communication relative à cette fleur remarquable, et c'est à cette société que l'on doit les recherches publiées à son sujet : c'est pourquoi nous nous adresserons à elle pour les données dont nous avons besoin ici ; nous serons seulement l'interprète des *Transactions of the Linnean Society*.

Cette fleur extraordinaire, qui surpasse toutes les autres par sa taille gigantesque, fut découverte dans le premier voyage de sir Stamford dans l'intérieur de la province, voyage dans lequel il fut accompagné de J. Arnold, membre de la Société linnéenne, qui promettait à la science les plus belles espérances, si la mort n'était venue le frapper dès le commencement de ses recherches.

Sir Raffles écrivait à ce propos la lettre suivante :

« Je vous apprends avec regret la mort du docteur Arnold... J'avais espéré, au lieu d'un sujet de mélancolie, vous rendre compte de découvertes dues à la main de ce savant, et surtout de celle d'une fleur gigantesque, la plus magnifique, sans contredit, qui ait été vue jusqu'ici. Voici un extrait d'une lettre écrite à bord par lui-même :

« ... Arrivé à Pulo Lebbar, sur la rivière de Manna, je me réjouis de vous annoncer que j'ai rencontré le prodige le plus surprenant qui doit exister dans le monde végétal. Je m'étais un peu éloigné, lorsqu'un de mes esclaves malais revint à moi en courant avec l'étonnement dans le regard et en criant : « Venez, monsieur, venez voir, une fleur, « très grande, magnifique, extraordinaire ! » Je me rendis au lieu où me dirigea le Malais....

« Et voilà le docteur Arnold plongé dans la stupéfaction de voir un pareil colosse dans l'empire de Flore ; il la fait couper et transporter à sa résidence ; elle fait l'admiration de tous. On l'examine, on l'étudie, on la dessine, et c'est d'après ce dessin que l'on donne la figure suivante.

« Les cinq magnifiques pétales qui rayonnent du centre sont d'un beau jaune orange ; au centre de la couronne, sur un fond violet s'élève un large pistil, donnant l'apparence d'une flamme dans un globe de punch. Cette fleur prodigieuse mesure un mètre (ou yard) de large ; les pétales ont douze pouces de la base au sommet ; il y a environ un pied de l'insertion d'un pétale à celle du pétale opposé. Le nectarium paraît d'une capacité suffisante pour contenir douze pintes ; le poids de la fleur entière a été évalué à quinze livres (fifteen pounds) [1]. »

[1] Après le Rafflesia Arnoldi, viennent, par ordre de grosseur : l'Helianthus du Mexique, les Aristoloches, les Datura, les Barringtonia, les Gustavia, les Corolinea, les Lecythis, les Nymphea, les Nelumbium, les Magnolia, les Cactus, les Orchidées et les Liliacées.

Le Népenthès.

CHAPITRE V

NELUMBIUM. — NÉPENTHÈS

Après les Nymphéacées, nous parlerons des *Ne lumbium*, magnifiques plantes herbacées, d'une con formation générale très ressemblante aux précé dentes, qui croissent dans les eaux douces des parties chaudes de l'Asie et de l'Amérique septentrionale. Les fleurs sont très grandes, blanches, roses ou jaunes. Deux espèces surtout méritent notre atten tion : le nélumbo brillant et le nélumbo jaune.

Les fleurs de la première figurent parmi les plus belles et les plus grandes du règne végétal; elles ressemblent aux magnolias, émettent une odeur d'anis et sont portées sur de longs pédoncules qui les élèvent à la surface de l'eau. C'est dans les Indes et en Chine qu'on la rencontre principalement ; elle y est aussi cultivée à cause de la vénération qu'ont pour elle les habitants de ces contrées, qui en font leur plante sacrée et qu'ils considèrent comme le symbole de la fertilité ; ils représentent leurs divinités placées sur une de ses feuilles.

Le nélumbo jaune croît dans l'Amérique septentrionale, dans la Floride, la Caroline ; il ressemble au précédent, mais ses fleurs sont plus petites et constamment jaunes.

C'est sur les pieds de nélumbo cultivés au jardin de Montpellier que M. Delille a fait ses curieuses observations sur la respiration des plantes. Il a vu que, lorsque l'eau séjourne un peu sur le centre de la feuille, il y a fréquemment émission naturelle d'air, par des bulles, à travers cette eau, et il a reconnu que cet air qui sort seulement de la tache centrale blanche, où se trouvent beaucoup de stomates, y arrive, du reste, de la face supérieure de la même feuille. A minuit, les feuilles qui avaient exhalé de l'air pendant le jour n'en donnaient plus ; à six heures du matin, comme le soleil ne frappait pas encore sur elles, elles n'étaient point exhalantes ; elles le redevenaient pendant le reste de la journée. La conclusion est celle-ci : chaque feuille de la plante est pourvue d'un système respiratoire complet, pour lequel le velouté possède la faculté absorbante, et les stomates celle seulement exhalante, ce qui est sans exemple pour toute autre plante que celle-ci, la seule qui ait pu se prêter aux expériences qui décident si manifestement l'aspiration et l'exhalation.

Le Népenthès.

Ce que dit Homère du népenthès a été interprété allégoriquement par plusieurs auteurs anciens tels que Plutarque et Athénée, par la raison que la fleur à laquelle on donne ce nom aujourd'hui ne paraît pas avoir été connue des anciens. On a pensé que dans l'esprit du poète il s'agissait de la façon brillante dont la reine de Sparte faisait passer le temps à ses hôtes par les récits charmants qui faisaient sa conversation habituelle.

Ni Lamark, ni Brongniart, ni Jussieu n'ont cru pouvoir classer le népenthès parmi les genres connus; le premier l'a rapproché des orchidées, le second du rafflesia, le troisième l'a nommé *incertæ sedis*, comme s'il ne pouvait rentrer dans aucune famille naturelle. On en a même fait une famille spéciale, celle des népenthées, représentées dans l'Inde par le *nepenthes distillatoria*, à Madagascar par un genre spécial que caractérisent les crêtes foliacées de ses urnes, en Cochinchine par le *N. phyllamphora*, à Java par le *N. gymnamphora*.

17

On croit communément chez les Indiens des montagnes que si l'on coupe les *urnes* d'un népenthès et qu'on en renverse le contenu, la journée ne se passera pas sans que les nuages et la pluie apparaissent ; aussi, quand ils craignent la pluie, se gardent-ils bien de toucher à cette plante. Au contraire, lorsqu'une sécheresse trop prolongée leur fait demander la pluie, ils se hâtent de renverser les urnes. Ils tiennent cette plante en grande estime comme l'une des plus précieuses pour le voyageur, quoiqu'il arrive souvent de ne rencontrer les népenphès qu'au bord des rivières, dont l'eau est préférable à celle de ces urnes végétales où les petits insectes viennent parfois déposer leurs œufs.

La structure des urnes des népenthès avait d'abord paru tout à fait inexplicable aux botanistes, dit un correspondant du *Magasin pittoresque*, car chez les autres végétaux on ne voit point les véritables vrilles se développer d'une manière aussi singulière ; mais, en examinant de plus près, on a reconnu que la feuille forme simplement le petit couvercle de l'urne, et que l'urne elle-même, le filet contourné qui la supporte, et la partie élargie que l'on prenait pour la feuille, ne sont que des dépendances et des modifications du pétiole ou du support de la feuille. Or on connaît dans une foule de végétaux des modifications du pétiole qui peuvent donner idée de celle des népenthès. Ainsi, dans la macre ou châtaigne d'eau, qui, poussant ses racines dans la vase, vient étaler avec grâce ses rosaces de feuilles à la surface des étangs, on voit les pétioles renflés au milieu en une sorte de vessie creuse pleine d'air, qui sert à soutenir la plante; les pétioles de l'oranger sont élargis en feuille, ceux des mimosas prennent souvent la place des vraies feuilles qui toutes ont avorté; ceux des abricotiers, des cerisiers, etc., portent plusieurs glandes qui donnent une idée de celles qui tapissent l'intérieur des urnes.

OUVIRANDRA FENESTRALIS

Au point de vue de la conformation des feuilles, l'*ouvirandra fenestralis* n'est pas moins curieuse que la précédente; cette plante malgache est merveilleuse par la singulière organisation de ses feuilles en forme de *fenêtres*, où le réseau vasculaire reste seul, dépouillé du parenchyme qui revêt les feuilles de toutes les autres plantes de la famille des saurianées. C'est une plante vivace, croissant dans l'eau. Sa racine est un gros tubercule oblong, charnu, aux dépens duquel naissent des fibres cylindriques. Les feuilles sont pétiolées, elliptiques, obtuses, percées de trous parallélogrammes très rapprochés; l'élégant réseau les forme entièrement. La hampe est cylindrique, plus grande que les feuilles, renflée dans sa partie moyenne, terminée supérieurement par deux à cinq épis digités de petites fleurs roses et odorantes; chaque fleur offre un calice formé de cinq pétales colorés.

Parmi les fleurs merveilleuses nous pourrions encore citer la vallinseria, dont l'espèce type est la *V. spiralis*. Les rivières de l'Europe méridionale possèdent des familles nombreuses de cette plante.

Ce qu'il y a de spécialement remarquable dans ce végétal, c'est le fait qui s'accomplit à l'époque de la fécondation des fleurs. Les fleurs fécondantes viennent à la surface de l'eau, où elles planent comme dans l'attente des fleurs qui doivent être fécondées. Sensibles à cet appel, celles-ci, portées sur le mécanisme admirable d'une longue spirale, déroulent ce long pédoncule et montent jusqu'à ce qu'elles atteignent la superficie de l'eau. Lorsque les fleurs se sont touchées, elles rentrent au fond des eaux pour y mûrir leurs graines. De Jussieu a décrit ce phénomène en un langage latin d'une grande élégance, et Castel en a traduit la description en beaux vers français dans son poème sur *les plantes.*

> Le Rhône impétueux, sous son onde écumante,
> Durant six mois entiers nous dérobe une plante
> Dont la tige s'allonge en la saison d'amour,
> Monte au-dessus des flots et brille aux yeux du jour.

Avant de nous introduire dans le sanctuaire de la sensibilité végétale, il convient de terminer cette esquisse du monde des fleurs par la considération d'un phénomène plus général et plus important que tous les précédents : celui des *migrations des plan-*

tes. C'est à cette grande faculté d'extension et de voyages que nous devons la richesse du verdoyant tapis dont la terre est décorée.

Le savant directeur du muséum de Rouen, M. Pouchet, sera notre cicérone ici comme dans tous les faits d'analyse générale où l'ampleur du sujet réclame la présence du pratricien. — Rien ne nous révèle avec plus de splendeur les ressources de la nature, dit-il, que la facilité avec laquelle celle-ci couvre de végétation et de vie toute la surface du globe. Là, elle semble ne se confier qu'à l'immense fécondité qu'elle accorde à l'espèce; ailleurs, elle emploie les procédés les plus ingénieux et les plus variés, pour transporter d'un pôle à l'autre ses fruits et ses semences.

Le nombre considérable de semences que portent certains végétaux en assure l'incessante reproduction, et sous ce rapport le calcul donne souvent des résultats inattendus. Ray a compté 53 000 graines sur un pied de pavot, et 36 000 sur une seule tige de tabac. Dodard porte encore beaucoup au-dessus de ces chiffres le nombre de fruits qu'on peut récolter sur un orme; selon lui, cet arbre en fournit annuellement plus de 520 000.

Il est évident que si toutes ces semences se développaient, il ne faudrait que bien peu de générations pour que ces végétaux couvrissent toute la surface du globe. Mais une foule de causes arrêtent cette menaçante invasion.

La fécondité de quelques champignons est encore plus extraordinaire. Fries a compté plus de 10 000 000 de corps reproducteurs sur un seul individu du *Reticularia maxima*. D'autres plantes, de la même famille, nourrissent une progéniture bien autrement considérable, et son abondance tient tellement du prodige, que toutes les ressources de l'intelligence humaine ne pourraient parvenir à en supporter le dénombrement.

L'incommensurable fécondité du lycoperde gigantesque est telle, que c'est par millions de milliards qu'il faut compter ses graines microscopiques. Or, quoique celles-ci soient invisibles à l'œil, chacune d'elles peut cependant donner naissance à un volumineux champignon qui, en une nuit, acquiert souvent le volume d'une citrouille. Et l'on peut dire, sans hyperbole, que si les sémilles de ce végétal se trouvaient miraculeusement dispersés sur tout le globe, et s'y développaient simultanément, le lendemain sa surface en serait absolument couverte.

C'est assurément l'air qui remplit le rôle le plus important dans la dissémination végétale. Une foule de semences légères ne semblent avoir été décorées d'aigrettes ou d'ailes membraneuses que pour être plus facilement emportées dans ses tourbillons.

A cet effet, le fruit léger de beaucoup de synanthérées est surmonté d'une aigrette de fibrilles étalées, véritable parachute qui s'enlève au moindre souffle du zéphyr. Ravie à la plante mère, à l'aide de sa nacelle aérienne, la semence accomplit les plus longs voyages. La plus faible brise, du fond des vallées, va l'implanter sur les aiguilles des montagnes. Si la tempête s'élève, le frêle parachute, emporté par ses tourbillons, se mêle aux nuages orageux, traverse les mers et opère sa descente sur un rivage inconnu.

Trop pesants pour être enlevés par l'effort des vents, d'autres fruits accomplissent de longs voyages nautiques, et traversent les mers, emportés par les courants et les vagues. Ainsi, protégés par leur boîte ligneuse, les cocos des Seychelles, entraînés par les courants réguliers, viennent joncher les rivages du Malabar, après avoir accompli sur mer un trajet de plus de 400 lieues. Étonnés de cette fécondité inattendue, qui se répète chaque année, les Indous ne l'expliquent qu'en supposant que les profondeurs de l'Océan nourrissent les arbres qui produisent ces énormes fruits.

C'est aux cours d'eaux douces, aux fleuves et aux ruisseaux que sont dues les plus importantes migrations végétales. Si Pascal a dit que les rivières sont des chemins qui marchent, avant lui les plantes semblent l'avoir deviné. Enlevées par leurs ondes fugitives, les semences franchissent parfois de grandes distances pour rencontrer une nouvelle patrie.

Les animaux concourent amplement aussi à la dissémination végétale. Les marmottes, les loirs et les hamsters approvisionnent de fruits leurs demeures souterraines, et une partie du butin de leur active prévoyance, souvent oubliée sous le sol, y germe et s'y développe au retour du printemps.

D'autres mammifères travaillent à la dissémination par des procédés encore plus simples : les semences s'accrochent à leurs toisons et sont transportées çà et là par eux, dans leurs pérégrinations.

Si les animaux consomment, pour leur nourriture, une fort notable quantité de graines, par une heureuse compensation, la Providence trouve dans leurs déprédations une inépuisable source régénératrice.

C'est aux grives qui mangent avec avidité les fruits du gui que l'on doit la multiplication de la plante si célèbre dans l'ancienne Gaule.

D'autres oiseaux, par des moyens analogues, propagent aussi un grand nombre de plantes. Les voyageurs rapportent que les Hollandais ayant détruit les muscadiers dans plusieurs îles de l'Inde, afin d'en concentrer la culture à Ceylan, les colombes muscadivores, qui sont très friandes de leurs fruits, repeuplèrent la plante presque partout où le vandalisme néerlandais l'avait extirpée.

L'homme doit être lui-même considéré comme un

des plus grands agents de la dissémination végétale. Ses vaisseaux et ses caravanes, en franchissant l'Océan et le désert, transportent à son insu des semences et des plantes, qui viennent envahir des contrées nouvelles.

L'Antirrhinum græcum. (Voy. p. 242.)

CHAPITRE VI

SENSIBILITÉ VÉGÉTALE

« .... Descendez, chœurs aériens, sylphes qui voltigez sur nos têtes, et de vos doigts délicats touchez vos lyres d'argent. Gnomes, rassemblez-vous sur l'herbe, imprimez-y vos anneaux mystiques, et que vos pas cadencés s'accordent avec la musique céleste ; tandis que sur un chalumeau je chante, avec une mélodie douce, les espérances riantes et les peines amoureuses de la prairie.

« .... Sans cesse agitée par la délicatesse de ses organes et par son exquise sensibilité, la chaste mimosa redoute le plus léger attouchement. Elle est alarmée lorsqu'un nuage passager lui dérobe les rayons du soleil. Au moindre vent, elle frémit et s'enfuit par la crainte de l'orage. A l'approche de la nuit, elle abaisse ses paupières, et lorsqu'un sommeil paisible a rafraîchi ses charmes, elle s'éveille et salue l'aurore. Fidèle aux mœurs de l'Orient, mêlant la gaieté à la décence et la modestie à la fierté, elle se couvre d'un voile, s'avance vers la mosquée, et s'engage à l'époux qui la reconnaît pour la reine de son sérail. Ainsi s'élève ou s'abaisse aux moindres variations de l'atmosphère le fluide argenté contenu dans un tube de cristal. Ainsi vacille continuellement sur son pivot l'aiguille aimantée, qui dans tous ses mouvements se dirige vers son pôle chéri. »

Telles sont les paroles de Darwin sur la Sensitive dans son premier chant des *Amours des Plantes*. Il n'est pas un amateur qui n'ait observé ce mouvement singulier qui s'opère au moindre contact sur les feuilles de la Sensitive. Au choc le plus léger, au simple toucher, ses folioles fléchissent ; en un instant, les branches pétiolaires s'inclinent sur le pétiole commun, et le pétiole commun tombe lui-même sur la tige. Si l'on coupe l'extrémité d'une foliole, les autres folioles se rapprochent successivement. On sait que les feuilles de cette plante sont digitées, c'est-à-dire formées de rayons disposés comme les doigts de la main ; ce sont ces feuilles étroites et longues qui à la moindre secousse s'appliquent les unes sur les autres en se recouvrant par leur surface supérieure. Elles se réunissent de même à l'entrée de la nuit ou lorsqu'il survient un froid assez vif pour fatiguer la plante. Elles sont dans un état de parfait épanouissement par un temps calme et chaud. Un nuage qui passe devant le soleil suffit pour changer la situation des feuilles, dont l'expansion diminue par l'affaiblissement de la lumière. Quoique fermées et dans un état de sommeil pendant la nuit, elles s'abaissent encore davantage si on les touche. A l'insertion du pétiole sur la tige, et à celle de chaque foliole sur le pétiole, on aperçoit une petite glande qui est le point le plus irritable. Il suffit de la toucher avec la pointe d'une épingle pour faire fermer la feuille ; si la secousse est vive, toutes les folioles font successivement le même mouvement, deux à deux, dans un ordre régulier. La feuille elle-même ne s'abaisse qu'après que toutes les folioles sont abaissées, comme si le membre principal ne s'endormait qu'après l'assoupissement de tous ses appendices.

En plaçant avec une grande délicatesse une petite goutte d'eau sur les folioles, de Candolle parvenait à ne susciter aucun mouvement ; mais si l'eau était remplacée par une goutte d'acide sulfurique, les folioles se crispaient et fléchissaient. L'irritation n'est pas locale, comme nous l'avons dit, elle se communique de proche en proche. La faculté contractile réside en des bourrelets cylindriques placés aux points d'insertion.

Certaines expériences tendraient à établir que ces délicates Sensitives peuvent, jusqu'à un certain point, *s'habituer* au mouvement, et en ressentir les effets avec d'autant moins d'intensité. Desfontaines a observé ce fait en charriant une de ces plantes. Aux premiers mouvements de la voiture, aux premiers cahotements, elle fermait ses folioles et toutes ses feuilles s'infléchissaient. Mais peu à peu, à mesure que la voiture roulait, on eût dit que la Sensitive commençait à s'habituer à ce nouvel état ; ses feuilles se relevaient et ses folioles s'épanouissaient. Si la voiture était arrêtée pendant quelque temps, au moment où elle se remettait en marche, la plante délicate subissait comme la première fois l'influence du mouvement ; mais au bout de quelque temps elle semblait revenir de sa frayeur et reprenait sa beauté.

On connaît quelques autres plantes qui se meuvent lorsqu'on les touche, mais à un moindre degré que la Sensitive. Telles sont la Dionée, l'*Onalis sensitiva*, l'*Onoclea sensibilis*, etc.

Du temps de Pline, on connaissait déjà cette influence d'un simple contact sur les plantes sensibles. Ce naturaliste rapporte qu'aux environs de Memphis se trouve un arbre qui a le port de l'Acacia, et dont les feuilles, faites comme des plumes, s'abaissent lorsqu'on touche les rameaux, et se relèvent ensuite. Il est ici question d'une Sensitive, quoiqu'on ne sache pas précisément à quelle espèce se rapporte le récit de Pline, qui du reste n'a fait que copier Théophraste, l. III, c. III.

PLANTES A MOUVEMENTS SPONTANES

Desmodic oscillante.

Tous les êtres créés sont vraiment de la même famille ; c'est le même esprit qui ordonna la création universelle, ce sont les mêmes lois qui la dirigent, ce sont les mêmes forces qui la soutiennent : tous les enfants de la nature sont frères et tous sont unis par des liens indissolubles. Du minéral à l'homme, la série monte par degrés insensibles ; tels caractères appartiennent à la fois aux trois règnes, minéral, végétal et animal, formant en vérité l'unité la plus parfaite qui puisse être conçue.

Parmi les végétaux, ceux qui paraissent posséder le plus particulièrement des caractères appartenant au règne supérieur, au règne animal, sont encore les plantes sensibles, dans lesquelles des mouvements spontanés se manifestent soit dans l'état normal de la plante, soit par des causes occasionnelles. En apparence elles se rapprochent en cela des êtres vivants, qui jouissent exclusivement de cette faculté, digne d'être comparée au sens du toucher.

Les feuilles de ces plantes possèdent un mouvement que l'on nomme *révolutif*, parce qu'il s'exé-

cute suivant une courbe fermée, et décrit une sorte
de cône dans l'air ; les vrilles de la bryone et du
concombre cultivé sont douées de ce mouvement
perpétuel, dont la durée dépend de la température.
Ces mouvements sont peu apparents. Il n'en est pas
de même de ceux de la desmodie oscillante, dont
nous allons parler.

Dans cette plante, la feuille se compose de trois
parties : une grande et large feuille, et deux étroites
plantées à la naissance de celle-ci. Or, pendant
toute la vie de la plante, de jour et de nuit, par la
sécheresse et par l'humidité, sous le soleil et dans
les ténèbres, les folioles latérales exécutent sans
cesse de petites saccades, assez semblables à celles
de l'aiguille d'une montre à secondes. L'une des
deux s'élève et pendant le même temps sa sœur
jumelle s'abaisse d'une quantité correspondante ;
quand la première descend, celle-ci remonte, et
ainsi de suite. Ces mouvements sont d'autant plus
rapides que la chaleur et l'humidité sont plus
grandes. On a observé dans l'Inde jusqu'à soixante
petites saccades régulières par minute. Il y avait là
en vérité une montre végétale d'un genre particulier.
La grande feuille exécute elle-même des mouvements analogues, mais beaucoup plus lents. Cette
plante fut découverte au Bengale par Mme Mou-
son, botaniste distinguée de l'Angleterre, qui mou-
rut au milieu de ses excursions scientifiques.

Nous avons dit tout à l'heure que chez ces plantes

sensibles les mouvements se manifestent, soit dans l'état normal, soit par des causes occasionnelles. La desmodie est un type du premier genre ; voici un type caractéristique du second.

Dionée attrape-mouches.

Dans son poëme sur les plantes, Castel chante ainsi la dionée :

> J'admire le réseau, fatal aux moucherons,
> Qu'un insecte suspend autour de nos maisons ;
> Mais le fil aminci de l'agile araignée
> A-t-il jamais atteint l'art de la dionée ?
> Sa feuille en embuscade au milieu des marais
> Cache sous un miel pur la pointe de ses traits ;
> D'un perfide ressort elle est encore armée :
> Le piège, au moindre tact de la mouche affamée,
> Se ferme ; plus d'issue, et l'insecte imprudent,
> Percé des deux côtés, expire en bourdonnant.

Cette plante si singulière, ajoute le même auteur, semble avoir reçu de la nature des facultés très supérieures à celles des autres végétaux. Avançons, dit William Bartram, près de ce ruisseau qui en est bordé. Voyez s'ouvrir ces lobes vermeils ; leurs ressorts sont tendus, ils sont prêts à saisir l'insecte sans défiance. Voyez comme une des feuilles se replie sur une autre mouche qui fait pour s'échapper de vains efforts. Une autre a pris un petit ver ; elle s'en saisit et ne le lâchera pas. Comment, en voyant ce jeu de la nature, n'être pas tenté de croire qu'elle a donné aux végétaux quelque sentiment, quelques facultés analogues à celles que nous admirons dans les animaux? Ils ont comme ceux-ci l'action, la vie, le mouvement spontané. Nous trouvons dans cette plante tout ce qui indique l'intention et la volonté.

Les premiers individus de ce genre ont été communiqués à l'Europe par John Bartram, père du précédent; cette plante est originaire de l'Amérique septentrionale.

Ses feuilles étalées à la surface du sol se terminent par deux panneaux qu'une nervure en forme de charnière relie. Sur le pourtour on voit des cils raides allongés. Une liqueur répandue comme une légère couche de miel sur les panneaux attire les insectes; mais l'irritabilité extrême de la feuille ne peut supporter le moindre contact sans que les deux panneaux se rapprochent et croisent leurs cils. L'insecte est prisonnier; les mouvements qu'il fait en se débattant ont encore pour effet de fermer davantage le singulier appareil, dont les serres ne s'ouvrent qu'après la cessation de tout mouvement, c'est-à-dire après la mort du petit insecte.

L'observation de ces faits peut donner beaucoup à réfléchir au botaniste philosophe.

« Quelles mystérieuses forces président à la vie des plantes? se demande le naturaliste Pouchet. Ces êtres, d'un aspect si gracieux ou si imposant, parés de couleurs éblouissantes, embaumant l'air des plus suaves parfums, ont-ils été déshérités de toutes les facultés qu'on accorde aux plus ignobles animaux ? Il y a deux écoles qui, à ce sujet, ont également exagéré leurs prétentions : l'une s'est complu à trop élever l'essence intime des végétaux, l'autre à la dégrader.

« L'antiquité avait surtout donné dans le premier excès. Empédocle n'hésitait pas à accorder aux plantes des facultés d'élite, et quelques-uns des successeurs du philosophe d'Agrigente l'ont même dépassé à cet égard. La merveilleuse mandragore passait parmi eux pour être douée de la plus exquise sensibilité. A la moindre blessure, la plante aux formes humaines poussait de lamentables gémissements. Et ceux qui avaient l'audace de la cueillir, pour n'en être point terrifiés et braver ses maléfices, devaient employer certaines précautions. Les hypothèses de la crédule antiquité se sont reproduites ; on les a même dépassées de notre temps. Adanson, savant audacieux s'il en fut, répartit largement les âmes parmi les plantes ; une ne lui suffisait pas pour chacune d'elles, il leur en accorde plusieurs. Hedwig, botaniste profond, Bonnet, plus rhéteur que réellement savant, et surtout Ed. Schmith, accordaient aussi aux végétaux une sensibilité exquise, et même des sensations assez élevées.

« Ces idées ont encore trouvé de nos jours d'ardents défenseurs en deux des plus célèbres savants de la studieuse Allemagne, von Martius et Théodore Fechner. Ceux-ci considérèrent la plante comme un être sentant et doué d'une âme individuelle ; et le dernier pousse même la témérité jusqu'à fonder une sorte de psychologie végétale. Dans son charmant petit livre, Camille Debans fait au système de ces deux botanistes une allusion pleine de poésie et de fraîcheur. Il peint une rose tellement affaiblie et languissante, que le moindre souffle de l'air, aussi léger que le soupir d'une vierge, en arrache successivement les pétales souffrants et fanés. Et quand sa meurtrière haleine a enfin tué la fleur, naguère si belle et si parfumée, les gnomes tout en larmes emportent son âme en paradis sur leurs ailes diaphanes.

« Le génie de Descartes avait été assez puissant pour faire admettre aux masses que les animaux ne représentaient que de simples automates montés pour accomplir un certain nombre d'actes. A plus forte raison beaucoup de savants, en particulier Huler, dont les belles expériences fondaient la physiologie végétale, eurent la plus grande tendance à ne considérer les plantes que comme autant d'êtres absolument sous l'empire des forces matérielles. Mais, ni les témérités des cartésiens, ni les hypothèses des animistes, ne trouvent aujourd'hui aucun asile dans le sévère domaine des sciences. On ne peut assimiler les phénomènes de la vie végétale, ni à de simples actes physico-chimiques, ni à une suprême direction intellectuelle. Il est évident que ceux-ci sont régis par une force vitale qui enchaîne tous les ressorts de l'existence; elle disparue, rien ne préserve l'être de la destruction.

« Tous les savants qui ont traité la question en physiologistes sérieux professent que les végétaux jouissent d'une vie tout aussi active que beaucoup d'animaux et qu'ils possèdent des vestiges de sensibilité et de contractilité. Le plus illustre des anatomistes modernes, Bichat, dans son magnifique ouvrage sur *la Vie et la Mort*, l'admet sans hésitation. De nombreuses expériences attestent qu'il y a évidemment, dans les plantes, des vestiges de sensibilité analogue à la sensibilité animale. L'électricité les foudroie, les narcotiques les paralysent ou les tuent. En arrosant des sensitives avec de l'opium, on les a endormies profondément. Dans leurs curieuses cherches, MM. Gœppers et Macaire Princeps ont reconnu que l'acide prussique empoisonne les plantes avec autant de rapidité que les animaux.

« Divorçons avec toutes nos vieilles idées sur la vie végétale, observons simplement les phénomènes, et nous arriverons à des conclusions qui nous étonneront nous-mêmes. Nous serons tout surpris de reconnaître que l'énergie des actes biologiques des plantes surpasse souvent tout ce que nous présente le règne animal; fait qui n'a été méconnu que parce que nous avons, à tort, considéré ses manifestations turbulentes comme en étant la suprême expression.

« Quoique l'existence des nerfs soit encore paradoxale dans les plantes, dit en terminant le même auteur, il n'en est pas moins vrai que l'irritabilité qu'offre la sensitive semble absolument sous l'empire d'organes analogues à ceux-ci, puisqu'elle se trouve impressionnée par les mêmes agents et de la même manière que le sont les animaux. »

Parmi les plantes aux facultés merveilleuses, nous en citerons une susceptible de prêter des armes puissantes aux charlatans, l'*Anastatique* (plante qui ressuscite), connue des savants sous le nom de *Jerore hygrométrique* et plus vulgairement appelée *Rose de Jéricho*. C'est vraiment un spectacle digne d'admiration de voir cette plante morte et desséchée reprendre, aussitôt qu'on plonge sa racine dans l'eau, les couleurs de la vie végétale; ses boutons se gonflent, les feuilles de son calice se séparent, ses pétales se désimbriquent, sa hampe grandit et sa corolle arrive à son entier épanouissement.

La rose de Jéricho appartient à la famille des Crucifères; elle croît dans les régions sablonneuses de l'Arabie, de l'Égypte et de la Syrie. Sa tige se ramifie dès la base et porte des épis de jolies fleurs blanches qui se transforment en fruits arrondis. A la maturité de ces fruits, les feuilles tombent, les rameaux se durcissent, se dessèchent, se courbent en dedans de manière à former une espèce de pelote. Puis viennent les vents d'automne qui déracinent la plante et l'emportent jusqu'à la mer. Là, elle est recueillie et apportée en Europe, où elle est recherchée

à cause de ses singulières propriétés hygrométriques.
Il suffit de placer dans l'eau l'extrémité de la racine
pour voir la plante renaître, se développer, et sous
le regard charmé faire éclore de nouvelles roses;
l'eau retirée, la fleur pâlit, se referme, et l'on assiste
à l'agonie et à la mort de la plante. Dans certaines
contrées, on croit encore que cette rose merveilleuse
s'épanouit tous les ans au jour et à l'heure de la
naissance du Christ.

Le Liseron.

CHAPITRE VII

LE SOMMEIL DES PLANTES

Lorsque le soir étend ses voiles sur les jardins et les prairies, les filles aimées de la lumière replient leurs feuilles craintives, comme si elles prévoyaient la période des ténèbres et du froid. Nous avons vu la sensitive fermer ses folioles aussitôt que l'absence de la lumière tant aimée se fait sentir, comme au contact d'un corps étranger ; cette habitude n'est pas particulière à cette plante délicate, elle appartient à un grand nombre d'autres plantes, dont la disposition inverse des feuilles pendant la nuit est tellement différente de leur disposition normale pendant le jour, que leur physionomie est complètement changée et qu'elles deviennent difficiles à reconnaître d'après leur port.

C'est ce que Linné a nommé le Sommeil des Plantes, quoique cette expression, empruntée au règne animal, n'indique pas comme dans celui-ci un état de repos, de souplesse et de flaccidité, car la position nocturne des plantes est aussi raide et aussi ferme que la position diurne. Linné, pour constater cette diversité dans l'état des feuilles pendant le jour et pendant la nuit, qu'il avait remarqué sur le Trèfle du Nord, s'arrache chaque nuit au sommeil et descend dans son jardin visiter ses chères plantes. Bientôt, il reconnaît que c'est à l'absence de la lumière et non à l'intensité du froid nocturne que ce phénomène doit sa cause principale, ce qui lui sert à établir avec plus d'autorité les rapports intimes qui existent entre la lumière et l'organisation des plantes. Il en place dans les serres chaudes, à l'abri de toute influence étrangère, et constate que comme les plantes libres, elles subissent l'action négative de l'obscurité. Il reconnaît encore que la différence entre l'état diurne et l'état nocturne est beaucoup plus sensible dans les jeunes plantes que dans les sujets plus âgés. L'observation constante lui montre que le but de la nature dans cette circonstance, c'est de mettre les pousses jeunes ou sensibles à l'abri du froid de la nuit et de l'impression de l'air.

Les positions prises par les feuilles pendant la nuit

différent selon que ces feuilles sont simples ou composées. C'est dans ces dernières que la différence est le plus nettement marquée. Dans les Oxalis aux feuilles composées, les folioles descendent, s'appliquent sur le pétiole commun, s'y adossent par leur face inférieure et ne laissent visible que leur face supérieure. La naissance de la feuille est cachée avec l'extrémité de la tige. Dans le Trèfle incarnat, les folioles se redressent en se courbant dans le sens longitudinal, et forment un berceau par la manière dont elles s'approchent par la base et par le sommet. L'Œnothère agit de la même façon. Les Mauves roulent leurs feuilles en cornet. On sait que les pois de senteur, les fèves cultivées appliquent leurs feuilles les unes contre les autres, comme si elles s'appuyaient pour dormir.

Le mouvement est remarquable dans les légumineuses. Il s'exécute d'après les lois constantes, et la situation des feuilles pendant le sommeil caractérise certains genres. Ainsi plusieurs cosses ressemblent aux Sensitives, mais la manière dont elles plient leurs feuilles les fait reconnaître au premier coup d'œil.

Si l'on se promène dans un jardin botanique après le coucher du soleil, on renouvelle l'observation de Linné, en remarquant combien les plantes présentent un aspect différent pendant la nuit et pendant le jour. Dans les unes, les feuilles se redressent et recouvrent les tiges; dans d'autres, elles s'abaissent et joignent leurs folioles par la surface inférieure; dans d'autres, les folioles s'élèvent, se rapprochent, et forment une sorte de bateau. Les feuilles simples et arrondies comme celles des Mauves ont la surface supérieure concave ou convexe, selon l'heure du jour.

A quelle cause est dû ce phénomène général? Il semble indépendant de l'état thermométrique ou hygrométrique de l'air. Après Linné, de Candolle a observé que la lumière en était la cause la plus directe. Il soumit des plantes dont les feuilles se ferment pendant la nuit à une lumière artificielle peu inférieure à celle du jour sans soleil. Lorsque j'ai exposé, dit-il, des Sensitives à la clarté, dans la nuit, et à l'obscurité pendant le jour, j'ai vu dans les premiers temps les Sensitives ouvrir et fermer leurs feuilles sans règles fixes; mais au bout de quelques jours elles se sont soumises à leur nouvelle position et ont ouvert leurs feuilles le soir, qui était le moment où la clarté commençait pour elles, et les ont fermées le matin, qui était l'heure où leur nuit commençait. Lorsque j'ai exposé les Sensitives à une lumière continue, elles ont eu, comme dans l'état ordinaire des choses, des alternatives de sommeil et de réveil; mais chacune des périodes était un peu plus courte qu'à l'ordinaire. Lorsqu'on expose des Sensitives à l'obscurité continue, elles offrent bien aussi des alternatives de réveil et de sommeil, mais très irrégulières.

La conclusion des faits observés est que cette faculté de mouvement périodique est inhérente au végétal, et que la lumière en est la cause active, agissant avec des intensités différentes suivant les espèces. Il est vrai que les expériences de Duhamel et celles de Mairan sont peu favorables à ce jugement exclusif sur la lumière, car l'un et l'autre ayant gardé une Sensitive dans un lieu obscur, elle a continué de s'ouvrir le jour et de se fermer la nuit. On serait porté à croire qu'il y a un rapport plus intime encore et caché à l'observateur, entre l'organisme végétal et la condition astrale de la Terre.

Écoutons, en terminant, le chant de Delille, bien digne ici de célébrer les merveilles de la nature, mais qui n'a pas toujours puisé ses inspirations à cette source véritable.

Voyez, ainsi que nous, sur leurs tiges baissées
S'assoupir de ces fleurs les têtes affaissées
Et, dormant au lieu même où veilleront leurs sœurs,
Des nocturnes repos savourer les douceurs.
Voyez comment l'instinct qui gouverne les plantes
Assigne à leur réveil des heures différentes :
L'une s'ouvre la nuit, l'autre s'ouvre le jour ;
Du soir ou du midi l'autre attend le retour.
Je vois avec plaisir cette horloge vivante ;
Ce n'est plus ce contour où l'aiguille mouvante
Chemine tristement le long d'un triste mur ;
C'est un cadran semé d'or, de pourpre et d'azur
Où d'un air plus riant, en robe diaprée,
Les filles du printemps, mesurant la durée,
Ou nous marquant les jours, les heures, les instants
Dans un cercle de fleurs ont enchaîné le temps.

CHAPITRE VIII

L'HORLOGE DE FLORE

« L'aimable Lampsane, la belle Nymphæa et la brillante Calendula suivent d'un œil attentif le mouvement diurne de la Terre sous le Soleil. Elles marquent sa situation, son inclinaison, ses divers climats, et par un art imitatif elles indiquent la marche du Temps. Elles attachent une chaîne magique autour de son pied léger, comptent les vibrations rapides de son aile, et donnent le premier modèle de cet instrument merveilleux qui calcule et divise l'année. »

Ainsi s'exprime le poète déjà cité des « *Amours*

des Plantes. » Les fleurs de la Lampsane, du Nymphæa, du Souci et d'un grand nombre d'autres plantes s'épanouissent et se ferment à des heures fixes. C'est sur cette observation que Linné a établi son horloge de Flore. Il forma trois divisions : fleurs météoriques, qui s'ouvrent ou se ferment plus tôt ou plus tard, selon l'état de l'atmosphère ; tropicales, qui s'ouvrent au commencement et se ferment à la fin du jour ; équinoxiales, qui s'ouvrent et se ferment à une heure déterminée. C'est cette dernière division qui constitue spécialement l'horloge de Flore. Voici vingt-quatre fleurs s'ouvrant successivement aux différentes heures du jour et de la nuit.

Minuit.	Cactus à grandes fleurs.
Une heure.	Lacieron de Laponie.
Deux heures.	Salsifis jaune.
Trois heures.	Grande décride.
Quatre heures.	Cripide des toits.
Cinq heures.	Hémérocalle fauve.
Six heures.	Épervière frutiqueuse.
Sept heures.	Laitron.
Huit heures.	Piloselle. Mouron rouge.
Neuf heures.	Souci des champs.
Dix heures	Ficoïde napolitaine.
Onze heures.	Ornithogale(Dame-d'Onze-Heures.)
Midi.	Ficoïde glaciale.
Une heure.	Œillet prolifère.
Deux heures.	Épervière.
Trois heures.	Léontodons.
Quatre heures.	Alysse alystoïde.
Cinq heures.	Belle-de-nuit.
Six heures.	Géranium triste.
Sept heures.	Pavot à tige nue.
Huit heures.	Liseron droit.
Neuf heures.	Liseron linéaire.

Dix heures . . . . Hipomée pourpre.
Onze heures. . . . . . . Silène fleur de nuit.

Parmi les fleurs qui s'épanouissent à heure fixe, plusieurs ne se rouvrent plus après s'être fermées, comme les Keturies; d'autres, comme la plupart des composées, s'épanouissent de nouveau le lendemain.

Un grand nombre de fleurs ne s'ouvrent que la nuit. Tel est, parmi les plus remarquables, le Cierge à grande fleur (*Cactus grandiflorus*), originaire de la Jamaïque et de la Vera-Cruz. Sa fleur magnifique, large de deux centimètres, s'épanouit et répand un parfum délicieux au coucher du soleil; mais elle ne dure que quelques heures, et avant l'aurore elle se fane et se ferme pour ne plus s'ouvrir. Ordinairement il s'en épanouit une nouvelle la nuit suivante, et cela continue de même pendant plusieurs jours. On a vu quatre ans de suite, dit le traducteur de l'ouvrage cité plus haut, ce cierge fleurir chez un jardinier du faubourg Saint-Antoine, le 15 juillet à 7 heures du soir.

Parmi les autres plantes qui ne s'épanouissent et n'ont d'odeur que la nuit, nous mentionnerons en particulier : les Nyctantes ou Jasmin d'Arabie, diverses espèces de Cestrum, d'Onagre, de Lychnis, de Silènes, de Géraniums, de Glaïeuls. Les Belles-de-nuit doivent leur nom à cette propriété.

Le Souci d'Afrique s'ouvre constamment à sept heures, et reste ouvert jusqu'à quatre, si le temps doit être sec : s'il ne s'ouvre point, ou s'il se ferme avant son heure, on peut être sûr qu'il pleuvra dans la journée. Le laitron de Sibérie reste ouvert toute la nuit, s'il doit faire beau le lendemain.

Les fleurs de Nymphæa se ferment et se plongent dans l'eau au coucher du soleil ; elles en sortent et s'épanouissent de nouveau lorsque cet astre reparaît sur l'horizon. Pline avait déjà remarqué ce mouvement. « On rapporte, dit-il (liv. XIII, ch. viii), que dans l'Euphrate la fleur du Lotus se plonge le soir dans l'eau jusqu'à minuit, et si profondément qu'on ne peut l'atteindre avec la main : passé minuit, elle remonte peu à peu, de sorte qu'au soleil levant elle sort de l'eau, s'épanouit, et s'élève considérablement au-dessus de la surface du fleuve. » Selon plusieurs auteurs, cette observation est l'origine du culte des Égyptiens pour le Nymphæa Lotus, qu'ils avaient consacré au Soleil. On en voit fréquemment la fleur et le fruit sur les monuments égyptiens et indiens. La fleur orne la tête d'Osiris. Horus ou le Soleil, est souvent représenté assis sur la fleur du Lotus. Hancarville a historiquement prouvé qu'ils voient dans cette fleur un emblème du monde sorti des eaux.

En regard de l'Horloge de Flore, il n'est pas hors de propos de placer le Calendrier où chaque mois est représenté par sa fleur favorite.

Janvier . . . . Ellébore noir.
Février . . . . Daphné bois gentil.

Mars. . . . .   Soldanelle des Alpes.
Avril . . . .   Tulipe odorante.
Mai . . . .   Spirée filipendule.
Juin. . . . .   Pavot coquelicot.
Juillet. . . . .   Centaurée.
Août. . . . .   Scabieuse.
Septembre. . . . . . .   Cyclame d'Europe.
Octobre . . . .   Millepertuis de Chine
Novembre . . . .   Xyménésie.
Décembre . . . .   Lopésie à grappes.

La Flore de la mer.

CHAPITRE IX

LES PLANTES DE LA MER.

L'élément liquide occupe à peu près les deux tiers de la surface du globe terrestre, le rapport de la surface baignée est de 3,8 à 1,2, et sur les 5 millions de myriamètres qui constituent la superficie du globe, il y en a 3 millions 800 mille qui appartiennent exclusivement à la souveraineté de l'onde. Cette immense étendue naît-elle privée des beautés et des richesses de la vie, tandis que la terre ferme offre dans sa flore et dans sa faune une si grande variété et une telle opulence? Les anciens naturalistes étaient loin de comprendre toute la richesse des Océans, et Linné lui-même en parlant des végétaux de la mer n'en embrassait qu'une quantité insignifiante.

Aujourd'hui, la science moins incomplète a sondé les profondeurs océaniques, et parmi ces régions cachées elle a trouvé une exubérance de vie non inférieure à celle qui se manifeste sur les continents. Il y a là tout un monde, un monde vraiment nouveau dont les classifications relatives aux plantes et aux animaux aériens ne sauraient nous donner une idée suffisante. La mer offre à l'observateur des montagnes et des vallées couvertes d'une végétation magnifique, un milieu où mille formes animales se jouent, des forêts qui abritent des hôtes plus nombreux et non moins variés que les hôtes des forêts terrestres.

Cependant nous devons dire que s'il y a incomparablement plus d'animaux dans la mer que sur la terre, la vie végétale y est moins largement représentée; mais il semble qu'il y a ici compensation, car le monde des polypiers crée pour l'Océan une série d'êtres à la fois végétaux et animaux, qui lui donne une vie insolite, bizarre, compliquée, tenant à la fois des trois règnes de la nature.

Oui, la mer est un monde nouveau, dont les productions riches et variées formeront peut-être un jour les branches les plus merveilleuses de l'histoire naturelle. Le livre posthume de Moquin-Tandon a révélé la valeur de ce monde, et pour la première fois réuni en un même écrin toutes les perles cachées de l'élément liquide[1]. Nous signalerons dans ce chapitre ce qu'il dit sur les plantes.

Remarquons d'abord, avec Schleiden, que toute la flore sous marine comprend presque exclusivement une seule grande classe de végétaux, les algues ou les fucus; — ajoutons en même temps que ce sont précisément là les premières plantes créées. — « Ces plantes offrent une diversité de formes telle, qu'un paysage au fond de la mer n'est ni moins intéressant ni moins varié que celui que présente une contrée à laquelle le soleil aurait imprimé le riche cachet de la végétation des tropiques. Une structure particulière, molle, gélatineuse dans toutes ses parties, un ensemble d'organes arrondis ou allongés et étalés, auxquels les expressions de tiges et de feuilles ne sont point applicables comme dans les autres plantes; de brillantes couleurs d'un ton vert, olive, jaune, rose et pourpre, parfois bizarrement assorties sur le même organe foliacé, tout cela imprime à ces végétaux un caractère étrange et féerique. »

Les plantes de l'Océan, dit l'auteur du livre dont nous parlions tout à l'heure, ne ressemblent pas beaucoup à celles qui ornent nos bois et nos vallons. D'abord elles n'ont pas de racines.

Celles qui flottent sont globuleuses ou ovoïdes, tubulées ou membraneuses, sans apparence aucune

---

[1] *Le Monde de la mer*, volume in-4°, orné de 270 planches sur acier, et de 200 vignettes. Paris, Hachette, 1865.

de corps radiculaire. Celles qui adhèrent sont fixées par une sorte d'empatement superficiel plus ou moins lobé et divisé. La terre n'est pour rien dans leur développement, car leur point d'origine est toujours extérieur. Tout se passe dans l'eau, tout vient d'elle et tout retourne à elle (Quatrefages).

Les plantes terrestres choisissent tel ou tel terrain; elles ne prospèrent bien que dans un sol déterminé. Les plantes marines sont indifférentes au rocher qui les supporte. Qu'il soit calcaire ou granitique, elles n'en profitent pas; aussi croissent-elles indistinctement partout, même sur des coraux ou sur des coquilles. Ces hydrophytes ne possèdent ni vraies tiges ni vraies feuilles; elles se dilatent souvent en lames ou lamelles larges ou étroites, d'une seule ou de plusieurs pièces qui tiennent lieu de ces organes. Elles ressemblent tantôt à des lanières onduleuses, tantôt à des filaments crispés; celles-ci épaisses et coriaces, celles-là minces et membraneuses. Il y en a qu'on prendrait pour de petits ballons transparents, pour des étoffes régulièrement gaufrées, pour des lambeaux de gelée tremblante, pour des rubans de corne blonde, pour des baudriers de peau tannée ou pour des éventails de papier vert! Leur surface est tantôt lisse, polie, même luisante, tantôt couverte de papilles, de verrues ou de véritables poils. On y trouve un enduit visqueux, une poussière saline, une efflorescence sucrée et quelquefois un dépôt cétacé. Leur couleur est olivâtre, fauve, jaunâtre, d'un brun plus ou moins obscur, d'un vert plus ou moins gai, d'un rose plus ou moins tendre ou d'un carmin plus ou moins vif. Quelques auteurs les ont divisées d'après leurs teintes dominantes en trois grandes sections : les brunes ou noires (*Mélanospermées*), les vertes (*Chlorospermées*), et les rouges (*Rhodospermées*).

Les premières sont de beaucoup plus nombreuses. Elles s'enfoncent plus ou moins, et semblent occuper dans l'Océan trois régions plus ou moins distinctes ; elles constituent la plus grande partie des forêts sous-marines. Les vertes sont superficielles et souvent flottantes. Les rouges se rencontrent habituellement à de faibles profondeurs et sur les rochers peu éloignés des rivages.

On rencontre souvent dans la mer — et la première navigation de Christophe Colomb en est un exemple célèbre — des îles herbacées d'une étendue immense, flottant vers la surface et quelquefois entraînées par les courants à des distances prodigieuses. Ces îles, dont les Açores offrent un banc immense appelé *mer des Sargasses*, sont formées de *varechs nageurs*, et ce sont elles qu'Oviédo avait nommées la prairie des Varechs. Pour les premiers navigateurs, c'étaient les colonnes d'Hercule de l'Océan, elles marquaient les limites des eaux navigables. Outre les varechs et les fucus, les laitues de mer, avec leur ample et mince feuillage, présentent souvent les mêmes oasis ; les algues étendent à la surface des mers leurs fils tortueux et agglomérés. Mais ces prairies flottantes, uniformes et stériles, recouvrent au fond de l'Océan de riches pelouses à plantes touffues, des buissons où le poisson, véritable oiseau des mers, bâtit son nid humide, des bosquets et des jardins où se jouent les habitants du royaume aquatique, des bois et des forêts dont les retraites cachent aux grands ravisseurs leur proie craintive et silencieuse.

Un fait digne de remarque, c'est que, comme la végétation terrestre, les plantes marines se rattachent, quant à leur distribution, à des limites géographiques précises (Schleiden). Si l'on considère que cette répartition est liée en grande partie à des conditions différentes de chaleur et d'humidité ; que la mer est peu susceptible de sentir ces différences de température, vu qu'à une profondeur relativement peu considérable, elle possède sous toutes les latitudes le même degré de chaleur, nous pouvons nous étonner avec raison de rencontrer dans la flore sous-marine tant de variations, même pour des régions voisines ou situées à de faibles distances l'une de l'autre. On peut dire cependant que les algues déploient le plus de richesse dans la zone tempérée et diminuent graduellement vers les pôles comme vers l'équateur.

Mais au fond des mers, plus on s'approche de l'équateur et plus luxuriante est la végétation. Quittons, dit Schleiden, les forêts aquatiques du Nord et leurs plantes gigantesques, parmi lesquelles le fucus porte-poire, par exemple, atteint l'énorme longueur de 500 à 1500 pieds ; jetons un dernier regard fugitif sur les baleines qui se jouent à leur ombre, sur les troupeaux de chiens de mer, les myriades de harengs, de cabillauds, de saumons et de thons. Tournons-nous vers les régions où le soleil est plus ardent, pour voir si dans les mers antarctiques nous retrouvons au fond de l'Océan la même profusion que déploie la flore aérienne. Plongeons dans le cristal limpide de la mer des Indes, et aussitôt nous aurons sous les yeux le spectacle le plus enchanteur, le plus merveilleux. Des massifs d'arbustes au singulier branchage portent des fleurs vivantes ; des masses compactes de méandrines et d'astrées forment un étrange contraste avec les organes palmés ou en forme de coupes qu'étalent les explanaires et les tortueux madrépores avec leurs grosses branches articulées ou couvertes de rameaux digitiformes. Le coloris en est au-dessus de toute description ; le vert le plus frais alterne avec le brun ou le jaune ; des nuances de pourpre se confondent avec le rouge, le brun pâle et le bleu le plus foncé. Des milipores d'un rouge pâle, jaunes ou de couleur fleur de pêcher recouvrent les masses flétries et sont eux-mêmes entremêlés et tapissés de gracieux rétipores couleur de perle et imitant les plus admirables sculptures d'ivoire. Le sable pur du fond est recouvert par des milliers de hérissons et d'étoiles de mer aux formes bizarres et aux couleurs les plus variées.... Autour des fleurs des coraux jouent et voltigent les colibris de mer, de petits poissons aux reflets rouges ou bleus, ou d'un feu vert doré et argenté ; semblables aux esprits de l'abîme, les méduses branlent sans bruit leurs cloches bleuâtres à travers ce monde enchanté. Ici les isabelles châtoyantes de couleur violette ou d'un vert doré livrent la chasse aux coquettes tachetées d'un rouge de feu, de violet et de vermillon ; là s'élance la tanaïde comme un serpent, et ressemblant à un ruban argenté qui réfléchit des teintes roses et azurées. Viennent ensuite les seiches fabuleuses affectant toutes les couleurs de l'arc-en-ciel, lesquelles disparaissent et reparaissent tour à tour, se confondent de la manière la plus fantastique ou se recherchent pour se séparer ensuite de nouveau. Et tous ces animaux se succèdent avec la plus grande rapidité, formant les plus merveilleux contrastes d'ombres et de lumières. Le moindre souffle qui frise la surface de l'eau fait disparaître le tout comme par enchantement.

Si maintenant le soleil roule son char vers l'occident, et que les ombres de la nuit descendent dans les abîmes, ce jardin fantastique recommence à briller avec une nouvelle splendeur. Des millions d'étincelles de méduses et de crustacés microscopiques dansent dans l'obscurité comme autant de vers luisants. Plus loin on voit la magnifique plume de mer, rouge pendant le jour, balancer ses lueurs verdâtres ;

partout ce ne sont qu'étincelles lumineuses, que jets de flamme et de feu brillamment colorés ; ce qui le jour s'efface dans la splendeur générale brille maintenant avec un éclat empreint de toutes les nuances de l'arc-en-ciel ; et pour compléter les mille et une merveilles de cette illumination féerique, ajoutons que les môles, formant des disques argentés de près de six pieds de diamètre, nagent avec majesté au milieu des myriades d'étoiles étincelantes. — Ajoutons un dernier trait. Le voyageur solitaire qui vient d'étudier les merveilleuses côtes de Ceylan retourne le soir dans sa demeure. « Tout à coup, au milieu de la tranquillité d'une nuit sereine, éclairée par la lueur argentine de la lune, une douce musique semblable à l'harmonie des harpes d'Éole frappe son oreille. Ces sons mélancoliques, assez forts pour couvrir le bruit des brisants, viennent de la plage voisine et rappellent à l'imagination le chant des sirènes. Ce sont des moules chantantes qui font entendre du rivage une douce et plaintive mélodie. » (Schleiden, *la Plante.*)

Si nous complétons ce panorama par le tableau d'ensemble du monde végétal pélagien, où l'on ne rencontre ni feuilles, ni calices, ni corolles, et celui de ces animaux étoilés qui semblent tenir la place des fleurs, dans ce bizarre élément « où le règne animal fleurit, où le règne végétal ne fleurit pas » ; si nous réfléchissons à la formation des coraux, des zoophytes et de leurs îles circulaires ; faisant abstraction du temps, si nous considérons la perpétuelle mutabilité du fond des mers, qui tour à tour envahissent et découvrent les régions continentales, nous nous formerons une idée de la puissance, de l'importance et de la richesse de l'élément que la poésie expressive des Orientaux avait salué comme la source première et éternelle de toutes choses.

Forêt de l'époque houillère.

CHAPITRE X

LES VÉGÉTAUX DES TEMPS PRIMITIFS

La parure végétale qui de nos jours embellit la surface du globe terrestre et nous donne les fruits et les fleurs, n'a pas toujours existé sous la forme brillante qu'elle revêt aujourd'hui. Il fut un temps où l'aspect de la végétation était essentiellement différent de celui-ci ; l'œil à qui il serait donné de pouvoir comparer ces deux natures croirait admirer non un seul monde, mais deux mondes fort divers dans leurs conditions d'existence. A l'époque primitive dont nous parlons, aucune des plantes actuellement existantes n'avait pu être vue sur la terre ; aucun arbre, aucun arbrisseau, aucune fleur de l'immense collection que nous pouvons examiner aujourd'hui, n'existait ; sans contredit, c'était véritablement là le spectacle d'un monde essentiellement différent du nôtre.

Il y avait, il est vrai, des forêts touffues et de profonds ombrages, des retraites silencieuses et de vastes avenues dans les bois ; comme aujourd'hui le vent faisait résonner sous les touffes pressées le tumulte des tempêtes ; comme aujourd'hui les rayons du soleil se jouaient à travers les vapeurs du matin et du soir, la nature entière rayonnait de vie, de richesse et de mouvement. Mais alors aucune pensée humaine n'était là pour contempler ces splendeurs, comprendre ces harmonies ; c'est à peine si les premiers représentants de l'animalité étaient éveillés au sein des mers ou sur les rivages marécageux ; les plantes étendaient sur la terre leur domination absolue ; c'était vraiment là le *Règne végétal* par excellence.

Néanmoins on s'est fait une idée erronée de la végétation primitive lorsqu'on en a conclu que ces végétaux étaient plus grands, plus forts, plus beaux, plus dignes d'admiration que ceux qui revêtent la terre sous le règne de l'homme ; et ce serait encore se tromper que d'imaginer à ces époques reculées une végétation riche et luxueuse comparable à la nôtre. Non. A la période houillère dont nous parlons, la terre n'avait pas encore vu apparaître une seule

Fougères arborescentes.

fleur, un seul fruit ; et quant à la grandeur réputée colossale de ces végétaux, voici en quoi consistait cette supériorité comparative.

Les beaux végétaux dont nous avons parlé, les géants de la Californie, les baobabs monstrueux, les palmiers élégants, les chênes gigantesques, les arbustes charmants et gracieux, les fleurs brillantes et odorantes, n'étaient pas encore sortis du mystérieux berceau des êtres. Depuis les derniers âges de la période primitive, où les algues et les filaments avaient inauguré de la façon la plus modeste le mouvement de la vie végétale, la terre n'avait vu naître que des végétaux d'une grande simplicité, d'une grande pauvreté de formes. Ces végétaux simples et primitifs n'ont plus aujourd'hui que des représentants déchus qui restent inaperçus à côté de la richesse des formes modernes. Tout le monde connaît ces herbes marécageuses, formées d'une unique tige, cylindrique, creuse, ces sortes de joncs que l'on nomme *prêles*, *queues de cheval*, etc., nos modestes lycopodes que l'on nomme *herbes aux massues, pieds de loup*, etc., et encore nos fougères des coteaux et généralement nos plus humbles cryptogames : tels étaient les représentants du règne végétal pendant la période houillère, terrains de transition entre l'époque primitive et l'époque secondaire, période plus riche par la quantité des végétaux que nulle autre ne le fut jamais, puisque c'est à elle que l'on doit les

600 000 kilomètres carrés de houilles que l'on peut exploiter dans les deux continents. Seulement, au lieu d'atteindre 1 pied à peine d'élévation, ces prêles atteignaient 7 à 8 mètres ; ces lycopodes, au lieu de 1 mètre, s'élevaient à 25 et 30, et c'étaient des lépidodendrons qui peuplaient les forêts. Ainsi dans ces forêts la mousse avait les proportions d'un arbre ; on voyait des asperges de 25 pieds, et des équisétacées, des queues de rat de 10 mètres ; les champignons mesuraient 40 pieds de diamètre [1], et les fougères arborescentes qui, sous les tropiques, s'élèvent à 10 et 12 pieds seulement, portaient leur couronne touffue à 30 pieds au moins. Mais l'imagination se fourvoierait si elle se représentait nos chênes agrandis à 200 pieds, nos pins à 400, nos tilleuls de 60 pieds de diamètre, etc. La terre naissante, dit Zimmermann, dépensait toute sa sève au développement des roseaux et des fougères, des mousses et des champignons, et tandis qu'on trouvait des mousses pareilles à des arbres, et peut-être des champignons gros comme des rochers, il n'existait pas en réalité de plantes plus grandes que celles de nos jours.

[1] On a vu de notre temps des champignons acquérir en des conditions particulières des proportions incroyables. L'*Illustrated London News* de juin 1858 racontait, d'après la Société linnéenne, que dans le tunnel de Doncaster se trouvait un champignon de douze mois, qui ne semblait pas encore avoir atteint sa dernière phase de croissance. Il mesurait alors *quinze pieds* de diamètre et végétait sur une pièce de bois. On le considérait à juste titre comme le plus beau spécimen de champignon qu'on ait jamais observé. Les avis étaient partagés sur sa classification.

Le merveilleux de la végétation primitive, pour nous habitants de la période quaternaire, c'eût été précisément la grandeur relative de ces plantes si simples, l'uniformité de leur aspect, l'immense étendue des forêts, qui occupaient la terre entière partout où les eaux ne dominaient pas, le petit nombre des espèces, et surtout l'unité de la végétation sur toute la terre. Non seulement la prodigieuse variété des deux cent mille espèces actuelles n'existait pas, mais encore la diversité que nous avons esquissée selon les climats, depuis les chaleurs tropicales jusqu'aux glaciers polaires, ne se faisait pas encore sentir, attendu que les climats n'existaient pas eux-mêmes. Les saisons, et la température moyenne des lieux, qui dépendent de l'obliquité des rayons du soleil, ne s'étaient pas fait reconnaître ; la chaleur solaire était insignifiante à côté de l'immense chaleur terrestre. Aussi trouve-t-on au pôle comme à l'équateur les vestiges et les fossiles des mêmes espèces, tant animales que végétales. On pourrait donc dire sans hardiesse qu'une seule forêt uniforme s'étendait alors sur la terre entière. La chaleur des pôles, dont l'unique source était, comme nous l'avons dit, le foyer intérieur de la terre, était à l'époque dont nous parlons au moins égale aux plus hautes températures actuelles de notre zone torride.

Outre les équisétacées et les fougères, dont les humbles représentants de l'époque actuelle nous donnent une meilleure idée que ne pourrait le faire tout dessin, le monde primitif possédait quelques autres espèces végétales également simples, mais entièrement disparues de la flore terrestre. Tels sont les Sigillaria, ainsi nommés parce que les stigmates de l'attache des feuilles sur le tronc, qui subsistent lorsque celles-ci sont tombées, ressemblent à des sceaux. Il n'y a, dit Zimmermann, ni plantes européennes ni autres encore vivantes dont la forme extérieure reproduise l'aspect de ces végétaux disparus. En effet, dans ces derniers, le tronc tout entier a dû être couvert de feuilles serrées ; des losanges composant une sorte d'échiquier dérangé s'ajoutent les uns aux autres du bas jusqu'au haut du tronc, et chacun de ces losanges porte l'empreinte et l'attache d'une feuille. Ce pétiole étant triangulaire et le tronc présentant des saillies analogues, il a fallu, pour que la feuille fût portée librement et détachée du tronc, que l'arbre fût couvert de pyramides aplaties et étroitement agencées. Une autre espèce de cette famille, très commune à l'époque de la formation houillère, montre sur le tronc, cannelé comme une colonne, la trace des feuilles alternant de telle sorte, que sur chaque connexité on trouve une série non interrompue de facettes ou de stigmates : seulement ces facettes sont disposées en quinconces, comme les arbres d'une pépinière. D'autres arbres encore sont cuirassés du haut en bas de boucliers hexagonaux, qui tous portent en même temps les traces des feuilles, ou bien ces sortes d'écussons sont trois fois plus longs que larges et ne portent les attaches des feuilles qu'à l'angle supérieur.

Tous ces végétaux ont été trouvés pétrifiés dans les terrains de formation houillère. C'est un aspect merveilleux de voir que la texture, les fibres, la pulpe ont conservé leurs formes sans aucune altération, alors que la substance elle-même a complètement disparu. A la simple vue, on ne saurait souvent distinguer si le bois est naturel ou pétrifié, et c'est par le toucher seul qu'on reconnaît l'état pierreux. On peut voir de beaux spécimens de pétrifications dans les troncs et fragments entassés au sommet du labyrinthe du Jardin des Plantes à Paris. L'hôtel de ville de Nordhausen renferme un escalier de grès, dont chaque fragment indique clairement qu'il a été primitivement de bois. Mais il n'y a nul exemple plus remarquable que la forêt d'arbres pétrifiés que sir James Ross a visitée sur la terre de Van-Diémen.

Une des curiosités naturelles les plus merveilleuses qui attirent l'attention des géologues visitant la terre de Van-Diémen, dit ce voyageur, est la vallée des arbres pétrifiés, dont un grand nombre se sont transformés en la plus belle opale. Le comte Strzelezki raconte, dans sa remarquable description de ce pays, que nulle part il n'a vu de plus belle pétrification de bois que dans la vallée de Derwent, et nulle part la structure originelle du bois ne s'est mieux conservée. Tandis que l'extérieur offre une surface luisante et homogène, pareille à celle d'un sapin revêtu d'écorce, l'intérieur se compose de couches concentriques qui paraissent tout à fait compactes et de même nature, mais se laissent parfaitement fendre dans toute leur longueur. Ces arbres sont verticaux, d'où il semble résulter qu'ils étaient encore en pleine croissance lorsque la lave ardente les atteignit. Quelques fragments de ces bois, ayant été étudiés, parurent encore si vivaces, qu'il fallut se livrer à un examen très attentif pour se convaincre qu'on avait sous les yeux de la pierre. Leur degré de pétrification varie depuis la houille très combustible jusqu'au silex capable d'entamer le verre. Une couche de schiste de plusieurs pieds d'épaisseur, déposée sur les arbres, paraît en avoir empêché la carbonisation, lors de l'invasion de la lave. Un des caractères géologiques les plus curieux de cette île est précisément qu'on y trouve des couches de houille superposées, depuis plusieurs pouces jusqu'à plusieurs pieds d'épaisseur.

La houille est formée, comme on sait, par cette prodigieuse exubérance de la végétation primitive qui tapissait la terre entière. Tout le monde a pu observer que dans les caves humides qui servent à la conservation du bois mort, en hiver, on trouve le sol couvert d'une couche ligneuse et molle, d'une sorte d'humus végétal, de même que les plantes de nos marais se convertissent avec le temps en tourbières. C'est par un mode analogue, mais infiniment plus puissant, que les végétaux primitifs ont constitué les mines de houille. Ce ne sont pas précisément les grands végétaux dont nous avons parlé qui ont amassé ces immenses couches de lignites et d'anthracites, car malgré leurs dimensions, ils étaient loin de constituer la végétation entière, représentée surtout par les herbes et les plantes herbacées qui recouvraient le sol d'un tapis immense; mais ce sont particulièrement ces dernières plantes, si nombreuses, si répandues, dont les couches ont conservé jusqu'en notre temps les troncs intacts mais transformés des végétaux arborescents.

En même temps que la végétation préparait à l'homme futur l'alimentation de son industrie, elle semblait appelée à jouer un rôle important dans l'économie générale de la nature, celui de purifier au profit des animaux aériens, qui bientôt devaient naître, l'atmosphère surchargée d'acide carbonique (il faut se garder d'appliquer ces remarques à une interprétation étroite des causes finales). L'existence de l'acide carbonique, disons-nous, très favorable au progrès du règne végétal, l'était fort peu à celui du règne animal. On ne saurait douter, dit M. Brongniart, que la masse immense de carbone accumulée dans le sein de la terre à l'état de houille et provenant de la destruction des végétaux qui croissaient, à cette époque reculée, sur la surface du globe, n'ait été puisée par eux dans l'acide carbonique de l'atmosphère, seule forme sous laquelle le carbone, ne provenant pas d'êtres organisés préexistants, puisse être absorbé par une plante. Or une proportion même assez faible d'acide carbonique dans l'atmosphère est généralement un obstacle à l'existence des animaux, et surtout des animaux les plus parfaits, tels que les mammifères et les oiseaux ; cette proportion, au contraire, est très favorable à l'accroissement des végétaux ; et si l'on admet qu'il existait une plus grande quantité de ce gaz dans l'atmosphère primitive du globe que dans notre atmosphère naturelle, on peut le considérer comme une des causes principales de la puissante végétation de ces temps reculés.

Écrit à Paris, au mois de juin 1865.

FIN

TABLE DES MATIÈRES

DEUXIÈME PARTIE

FIN DE LA TABLE DES MATIÈRES.

TABLE DES GRAVURES

PREMIÈRE PARTIE

FIN

1856. — Typographie A. Lahure, rue de Fleurus, 9, à Paris.

Typographie Lahure, rue de Fleurus, 9, à Paris.